前　言

　　木材细胞皱缩现象发生在纤维饱和点以上，此时木材细胞发生扭曲和塌陷，宏观上表现为木材局部凹陷。皱缩现象具有选择性、可破坏性和可恢复性。木材细胞的选择性表现在仅特定条件下的细胞可能发生皱缩，如导管内存在侵填体或细胞含水率较高时，细胞皱缩现象更易发生。通常，皱缩发生在木材的特定部位、特定组织或某些组织的特定区域。木材细胞皱缩的可破坏性表现在通过破坏木材的基本解剖构造或改变干燥工艺的外部条件，可以控制皱缩现象，从而减少皱缩并提升木材干燥质量。木材细胞壁具备一定的弹塑性，在适宜的外部条件下，细胞可恢复至接近原始形状和体积，即木材细胞皱缩具有可恢复性。

　　人工林杨树属于高大落叶乔木，全球有 100 余种，主要分布于亚洲、北美洲、欧洲的地中海沿岸国家和中东地区。我国有 50 余种杨树，广泛分布于西北、西南、东北及华北等地区。该树种生长迅速，成材周期短，适应性强，一般 10 年左右胸径可达 25cm。因其具有较高的生态和经济价值，已成为林业种植结构调整的重要树种，是我国速生丰产林和短周期工业用材林的首选树种。目前，我国杨树种植总面积已超过 1010 万 m^2，其中人工林杨树约 757 万 m^2，约占全国人工林面积的 20%，成为世界上人工林杨树种植面积最大的国家。

　　为了进一步探明木材细胞皱缩形成的机理、恢复的机理、木材细胞发生皱缩后皱缩恢复的动力，同时为研究有效破坏木材皱缩形成的条件的工艺以及恢复皱缩木材变形的干燥工艺提供理论依据，并为高效利用人工林木材提供技术支持，研究团队开展相关研究并编写本书。

　　本书第 1 章为绪论，概述了我国木质资源现状、人工林杨木资源情况及其基本特性；介绍了木材细胞皱缩的研究现状，包括皱缩的基本情况、特性、机理及评价指标等。第 2 章和第 3 章主要探讨人工林杨木木材细胞皱缩的内在条件和干燥条件；从解剖构造特征、化学成分和水分状态等角度分析了木材细胞皱缩的内在成因，以及从木材干燥过程中水分状态变化分析了皱缩的外在成因。第 4 章阐述了人工林杨木皱缩的可破坏性，通过预冻处理和微波处理破坏木材皱缩的基本条件，评估了这些处理对皱缩的影响。第5~8章介绍了人工林杨木皱缩的可恢复性，主要探讨了恢复工艺、性能、机理以及恢复前后木材的性能；并评估了恢复后的人工林杨木皱缩因子、皱缩深度和体积收缩率，同时通过结构和恢复情况分析皱缩机理。

本书是基于著者长期科研工作成果编撰而成。王喜明教授对此提出了科研的基本理念和研究框架，在科研过程中进行了细致指导。贺勤完成了人工林杨木细胞皱缩条件及可破坏性研究，赵喜龙完成了人工林杨木细胞皱缩可恢复性研究。在研究过程中，得到了张明辉、于建芳、高玉磊、刘建霞等的大力支持，在此表示衷心感谢。

本书的编写得到了国家自然科学基金委员会项目的资助，特此表示感谢。王喜明教授在编写过程中提供了详细指导，对此表示特别感谢。中国林业出版社给予了大力支持和帮助，对陈惠等编辑的辛勤工作表示衷心的感谢。

本书是木材干燥领域关于皱缩问题的专著，在研究和撰写过程中可能存在疏漏，敬请读者不吝赐教。

著　者

2025 年 6 月

目　录

人工林杨木细胞皱缩与恢复

贺　勤　赵喜龙◎著　王喜明◎审

中国林业出版社
China Forestry Publishing House

图书在版编目（CIP）数据

人工林杨木细胞皱缩与恢复 / 贺勤，赵喜龙著.
北京：中国林业出版社，2025.8. — ISBN 978-7-5219-
3336-9

Ⅰ. S781. 23

中国国家版本馆 CIP 数据核字第 2025YH7518 号

策划、责任编辑：杜 娟　陈 惠

出版发行：中国林业出版社
　　　　　（100009，北京市西城区刘海胡同 7 号，电话 010-83143614）
电子邮箱：cfphzbs@163. com
网址：https：//www.cfph. net
印刷：河北鑫汇壹印刷有限公司
版次：2025 年 8 月第 1 版
印次：2025 年 8 月第 1 次
开本：787mm×1092mm　1/16
印张：9.25
字数：220 千字
定价：68.00 元

1 绪 论

1.1 木质资源及人工林杨木的现状

1.1.1 国内木质资源的现状

木材是人类生产生活中不可或缺的重要材料，它具有强重比高、隔音、隔热、美观、易加工、可再生等优点，所以被广泛应用在建筑、家具、交通、农业等诸多领域，其中约1/3 用于建筑、家具领域，在国民生产建设中发挥着非常重要的作用。然而，随着市场需求的不断增加、木材工业的迅速发展和不合理的采伐加工，使得原有的优质天然林木材资源消耗殆尽，我国的天然林木材资源越来越少。

根据我国第八次全国森林资源清查的情况，全国的森林面积为 2.08 亿 hm^2，森林覆盖率为 21.63%。活立木的总蓄积量为 164.33 亿 m^3，森林蓄积量为 151.37 亿 m^3。天然林的面积为 1.22 亿 hm^2，蓄积量为 122.96 亿 m^3；人工林面积为 0.69 亿 hm^2，蓄积量为 24.83 亿 m^3。森林面积为世界第 5 位，森林蓄积为世界第 6 位，人均森林面积为世界人均水平的 1/4，人均森林蓄积只有世界人均水平的 1/7，但是人工林的面积为世界第一。

自 20 世纪 90 年代开始，由于我国实施天然林保护工程，短时间内可利用的木材资源量下降，出现了严重的供需缺口。人工林作为天然林的补充资源，由于其生长速度快、产量高、采伐周期短、适应性强，成为解决供需矛盾的主要途径，所以国家大力发展人工林。到 2013 年，我国人工林面积 6933 万 hm^2，人工林蓄积为 24.83 亿 m^3。目前我国的主要速生材树种有杨树、桉树、杉树、马尾松、落叶松、樟子松等。其中杨树、杉树和马尾松的种植量最多。但是，在人工林中幼龄材占比较大，约占人工林乔木栽培总面积的41.04%，而成熟材占人工林乔木总面积仅为 8.94%。人工林木材存在材质相对松软、强度低、易出现干燥缺陷等问题，因此人工林木材的利用多局限于刨花板、胶合板以及中密度纤维板等的生产,而在装修装饰、家具以及建筑材料等方面的应用很有限。为了拓展人工林杨木的应用领域,就需要对杨木这种速生材的加工利用尤其是干燥等问题进行研究。

1.1.2 人工林杨木的现状

杨树是杨柳科杨属树种的通称,是一种高大落叶乔木。杨属共有 100 多种,主要分布在亚洲、北美洲、欧洲的地中海沿岸国家与中东地区。我国有杨属树种 50 多种,主要分布在西北、西南、东北以及华北等地区。

杨树是一种生长速度快、成材时间短、适应性强的树种,一般 10 年左右胸径可达 25cm 左右。其具有很高的生态价值和经济价值,所以成为林业种植结构调整的一个主导树种,是我国最重要的速生丰产林和短周期工业用材林的首选树种。目前我国杨树种植总面积已超 1010 万 hm^2,其中人工林杨木约为 757 万 hm^2,约占全国人工林面积的 20%,是世界上杨树人工林种植面积最大的国家。

人工林杨木木材纹理通直、颜色较浅、结构甚细,由于受真菌侵害心边材区分明显,为边材树种,早材和晚材区分不甚明显,生长轮明显可见,木射线极细,轴向薄壁组织少。从人工林杨木的显微构造来看,杨木为阔叶材散孔材,穿孔类型为单穿孔,导管壁上纹孔为互列型,木射线为同形单列及多列型,心材中含有一定量的侵填体,由于生长快极易产生应力木。人工林杨木的基本密度多在 0.33~0.55 g/cm^3,材质较软,生材含水率高,心材生材含水率可以达到 200% 左右,而且含水率分布不均匀,部分杨木树种心材的含水率大于边材,存在明显的含水率分界线。人工林杨木力学强度中等偏低,硬度低;易干燥,但在干燥过程中容易弯曲变形,甚至会产生皱缩。

由于人工林杨木密度低,力学强度不足,易皱缩,易变色腐朽,极大地限制了其在装饰、家具领域的应用。目前人工林杨木主要用在生产单板和单板类人造板,如胶合板、实木拼板和细木工板等,这些板材质量轻、易于加工,广泛用于室内装修和家具制造中,市场需求量日益增加。另外,速生杨木的小径材、枝桠材及其他加工剩余物都是生产纤维板和刨花板的优质原料。杨木颜色浅、木浆得率高、纤维形态好,纸张抗张强度及抗撕裂强度好,是一种良好的造纸原料。为了扩大人工林杨木在家饰和家具领域的应用,学者们在性能改良方面做了大量的工作,如对人工林杨木进行强化处理,处理方法包括物理方法(热压密实化、高温水蒸气处理等)和化学方法(浸渍密实、浸渍压缩密实等)。压缩后杨木能用于制作地板,其性能可达到市场中档以上地板的性能。

1.2 木材皱缩的研究现状

1.2.1 木材皱缩基本条件的研究现状

木材皱缩是指在纤维饱和点以上,木材的细胞扭曲与塌陷,在宏观上可表现为木材的局部凹陷。木材细胞皱缩并非干缩现象,即并不是由于木材失水后微纤丝相互靠拢细胞壁变薄的结果，而是由于木材细胞的形态发生改变所导致的。木材细胞的皱缩不仅发生在阔叶材上，针叶材上也会发生，其中易发生木材细胞皱缩的树种包括桉树、红松、侧柏、人工林杨木、苹果木、马占相思等。中等密度的阔叶材最容易发生皱缩，Hillis 研究表明，基本密度在 $0.65\ \text{g/cm}^3$ 以上的木材只有干缩而没有皱缩，但也有研究表明，对于一部分澳大利亚树种木材皱缩和密度之间没有关系。Chudnoff 研究表明，随着实质密度的增大，木材的皱缩是减少的。同一树种的木材不同部位的皱缩情况也不相同。一般来说心材较边材容易皱缩，心边交界材皱缩最为明显，同时伴随着内裂，晚材较早材容易皱缩，但对于桉树锯材，皱缩容易在早材部分发生。基部和梢部较中部容易皱缩，侵填体含量大的容易皱缩，在木材的髓心部位，皱缩急剧下降。木材的皱缩与立地条件也有很大的关系，同一树种生长在沼泽地区的树木相比生长在干燥地区的树木，侵填体和闭塞纹孔多，所以木材容易产生皱缩。而且应力木的存在也容易产生皱缩。

木材的化学成分也对木材的皱缩有影响，木材抽出物渗入细胞壁后产生的膨胀效果对于木材的皱缩有很大影响，水溶性抽出物会增加皱缩值。Stature 研究结果表明，抽出物含量高会导致公式 $S=\sigma f$（皱缩和实质密度的比值为纤维饱和点）不成立。

含水率对木材细胞皱缩有很大的影响。木材细胞皱缩可以发生在纤维饱和点以上的任何含水率状态下。Kauman 研究表明，王桉在含水率为 100%～120% 时就产生皱缩，Terazawa 和 Hayashi 研究得出，轻木的皱缩发生在含水率为 600% 时。Greenhill 认为，高的初含水率对于木材的皱缩趋势有很大的影响，当初含水率低于 80% 时会产生严重的皱缩。另外，木材细胞皱缩与木材的干燥条件有很大关系，对于木材的初含水率越高、干燥条件越剧烈，皱缩的程度则会越严重。山杨小径材的皱缩发生在含水率为 50%～60% 的干燥前期，随着含水率的不断减少皱缩程度加剧。皱缩细胞和未皱缩细胞交替出现，结论证实了皱缩的静水压力理论。

木材的干燥条件对皱缩有很大的影响。试验结果表明，温度越高，皱缩细胞的数量越多。侯海旺等以大青杨为试材，研究的结果表明，随着温度的增加，体积收缩率和皱缩因子增加，介质湿度对皱缩深度、皱缩因子有影响，但其影响程度较温度小。Innes 的研究结果表明，树种不同皱缩的临界温度不同，在皱缩临界温度以下干燥木材时，木材细胞不会皱缩，反之，随着干燥温度增加，皱缩加剧。

1.2.2 木材皱缩特性的研究现状

木材皱缩具有其独特性，主要包括选择性、可破坏性和可恢复性。

选择性：木材细胞皱缩具有很强的选择性，只有具备了一定条件的细胞才可能发生皱缩，它取决于木材细胞的自身内部条件和干燥工艺参数的外部条件。也就是说在干燥过程中当作用在木材细胞上的毛细管张力之和大于木材细胞的横纹压缩最大载荷值时，木材细胞才能发生皱缩现象。木材皱缩选择性表现为皱缩一般发生于某些木材的特定部位、特定组织或某些组织的特定局部。如杨木心边交界材区域丰富的薄壁组织细胞导致该区域较容易发生皱缩。

可破坏性：木材细胞的皱缩过程可以通过改变木材细胞皱缩的自身基本条件或者通过改变干燥工艺的外界条件来实施调控，进而减少皱缩，提高木材干燥质量。研究表明，对木材进行预冻处理、预蒸处理等可破坏木材细胞产生皱缩的基本条件。预冻处理可以使满水的细胞腔受冻膨胀导致纹孔膜破裂，同时在木材细胞腔内产生气泡等，破坏了木材细胞的气密性；而蒸汽处理可使木材细胞腔内的侵填体封堵的微孔打开或者木材细胞上纹孔膜破裂，也是立足于破坏木材细胞的气密性。以上方法都是从破坏了木材细胞产生皱缩的基本条件上入手，减少木材皱缩的发生。还有学者采用有机液体代替木材中的水分等，这是通过改变木材润湿性，从而减少木材皱缩的产生。上述预处理均改变了木材细胞自身的基本条件，使本来能够产生皱缩的细胞不会发生皱缩。我们还可以通过对木材进行拉伸或压缩处理使干燥过程中木材细胞发生变形，也可以破坏细胞的气密性，减少木材皱缩的产生。另外，在干燥过程中，通过调控干燥工艺条件，降低水分移动的速度，使木材中水分移动而产生的毛细管张力不大于木材细胞的横纹极限抗压强度，也可以减少皱缩。

可恢复性：Bryan 研究发现，已经发生了皱缩的木材细胞，如果皱缩细胞没有真正发生细胞壁破坏，可通过调湿处理或浸泡水分处理使其皱缩变形部分全部恢复，由此可见，皱缩具有恢复性。研究表明当木材含水率为15%时，利用温度100℃、相对湿度100%的蒸汽进行处理，大部分的皱缩木材可以恢复。因为在纤维饱和点以下，细胞腔内无自由水存在，即使高温干燥也不再具备产生皱缩的条件，木材细胞壁具有一定的弹塑性，在一定的外界条件下，可以使其木材细胞恢复到或接近原来的形状和体积。总之，皱缩的木材细胞具有可恢复性。

1.2.3　木材皱缩机理的研究现状

目前，关于木材干燥时发生皱缩的原因有多种观点。Kauman 等认为，木材产生皱缩变形是由于木材干燥时的含水率梯度产生的压应力超过了木材细胞的横纹抗压强度而导致的。成俊卿认为，产生皱缩压应力来源于细胞腔内的自由水蒸发以后在细胞腔内形成真空而产生的毛细管张力和木材的干缩应力大于木材细胞抗压强度，从而使木材细胞发生溃陷。

寺尺真等认为，皱缩的产生是由于细胞腔中自由水移动时产生的毛细管张力超过木材细胞的横纹抗压强度而导致。Kalman 则认为，在某些完全封闭且充满自由水的木材细胞中，当自由水通过细胞纹孔膜上的微孔向外蒸发时形成弯月面，产生了毛细管张力，这种张力只有在细胞腔内充满水分时才能通过细胞腔水分完全作用于细胞壁。如果细胞腔中存空气泡，那么气泡在静水压力作用下膨胀，使作用于细胞腔上的压力减小，这时细胞不会发生溃陷。Kauman 对澳大利亚最容易皱缩的王桉木材进行试验研究认为，毛细管中的液体张力是皱缩的基本原因，但干燥应力对皱缩的程度也有显著影响。

王喜明对山杨小径材的研究认为，自由水移动时产生的毛细管压力是引起木材细胞皱缩的主要动力，干燥温度越高，水分移动越快，木材发生皱缩的程度也就越大，而干燥应力对皱缩的影响作用很小。

关于干燥应力与自由水排除引起的毛细管压力对皱缩的贡献率,大多数学者认为后者的贡献率大,但定量的结论有待于进一步研究。王喜明认为,在纤维饱和点以上,自由水通过纹孔膜上的微孔向外移动时,在微孔中形成了弯月面,于是产生了毛细管张力,这种毛细管张力,通过饱水的细胞腔传递到细胞壁,当毛细管张力的总和超过木材细胞的横纹抗压强度时,木材细胞就产生了皱缩。另外,随着干燥过程的进行,木材还产生了干燥应力,这种应力将和毛细管张力联合作用于细胞上,但干燥应力比毛细管张力要小。Chafe认为,木材皱缩的1/4是由于干燥应力引起,3/4是由于毛细管张力引起的。寺尺真用干燥试验证明,毛细管张力和干燥应力都是木材皱缩的主要作用力。综上所述,木材发生皱缩的形成机理可归纳为毛细管张力说、干燥应力说和两者联合说。

由此可见,木材细胞发生皱缩须具备木材细胞的自身条件和作用于细胞上的外界条件。自身条件主要是:木材细胞具有良好的气密性;细胞腔处于饱水状态而无气泡;水对细胞壁的润湿性好;纹孔膜的微孔足够小;毛细管张力之和大于木材细胞的横纹压缩最大载荷值等。外界条件主要是:干燥温度较高,干燥过程中作用于细胞上的毛细管张力和干燥应力之和大于木材细胞的横纹极限抗压强度时,木材细胞发生皱缩。只有同时具备自身基本条件,并在适合的外界条件下木材细胞才会发生皱缩。

1.2.4 木材皱缩的评价指标

不少学者在研究木材皱缩特性的同时,都涉及一个共同的问题,即如何评价木材的皱缩特性及其程度,建立皱缩的评价体系。综合归纳起来,定量的指标有如下6种。

干缩率:木材干燥前后尺寸差占干燥前木材尺寸的百分比。干缩率越大,木材皱缩的程度越大。从木材的干缩率随含水率的变化曲线可以分析到易皱缩木材和不易皱缩木材的典型差异。

皱缩面积:板材横断面干燥前后的面积差。反映了木材的利用率,皱缩面积越大,板材利用率越低。

皱缩深度:干燥板材横断面垂直方向上的厚度差。是反映板材断面尺寸厚度差异的一项指标,因为大部分板材是在刨平后才被使用。所以,与皱缩面积相比,皱缩深度更具有实际意义。

皱缩因子:板材横断面周长(包括内裂周长)的平方与板材横断面面积(去除内裂)的比值。是反映板材横断面积与周长变化相关性的一项指标,同时对板材的内裂也给予了评价。

体积干缩率:板材皱缩体积占板材未皱缩体积的百分率。在不考虑纵向干缩的情况下,此项指标与皱缩面积具有同样的意义,但对纵向干缩率较大的速生人工林等则用体积干缩率去评价。

木材皱缩参数:含水率低于纤维饱和点时,木材体积变化量与干燥排出水分体积的比值,作为木材皱缩特性的指标之一,木材皱缩参数越大表示皱缩越严重。Chafe还另外定义了3个衡量木材收缩的指标。

干缩率是衡量心边材皱缩严重程度的评价指标，同时也可以比较木材发生皱缩时的含水率；皱缩面积表示的是干燥试样的横截面积变化量，如果木材在纵向上的收缩几乎可以忽略不计时，那么皱缩面积与体积干缩率在评价皱缩效果时是一致的；皱缩深度是衡量皱缩区域塌陷程度的评价指标，皱缩木材在皱缩宽度不大的情况下能更准确地显示出木材皱缩剧烈程度；皱缩因子是评价皱缩缺陷的一个很好的指标，尤其对于那些已经发生了内裂的板材，其他几项指标都不能准确地反映皱缩程度时，这个指标则显示其独特的优势，所以大多数情况下采用皱缩因子来评价皱缩更准确有效。这几项指标侧重点不同，各有区别，彼此之间又紧密联系，有时可相互替换，所以根据研究内容及研究具体情况可以酌情选用其中一个或几个指标来评价木材皱缩特性及其程度。

2 人工林杨木细胞皱缩的基本条件

2.1 试验材料和方法

2.1.1 试验材料

人工林杨木:本试验以北京杨($Populus \times beijingensis$ W. Y. Hsu)和新疆杨($Populus\ alba$ var. $pyramidalis$ Bge)为试验材料,胸径为 $30\sim34cm$,各 5 株,采自内蒙古自治区呼和浩特市土默特左旗毕克齐镇。

化学试剂:无水乙醇,分析纯,天津市风船化学试剂有限公司;95%乙醇,分析纯,天津市风船化学试剂有限公司;二甲苯,分析纯,天津市风船化学试剂有限公司;过氧化氢,分析纯,天津市风船化学试剂有限公司;番红,天津市光复精细化工研究所;中性树脂,天津市光复精细化工研究所;冰乙酸,分析纯,天津市风船化学试剂有限公司;氢氧化钠,分析纯,天津市风船化学试剂有限公司;氯化钡,分析纯,天津市风船化学试剂有限公司;浓盐酸,分析纯,国药集团化学试剂有限公司;甲基红,分析纯,天津市东方卫生材料厂;苯,分析纯,天津市风船化学试剂有限公司;浓硫酸,分析纯,国药集团化学试剂有限公司;浓硝酸,分析纯,天津市风船化学试剂有限公司。

2.1.2 试验设备

电热鼓风干燥箱:型号 DHG-9245A,控温范围为 $10\sim300℃$,恒温波动度为 $\pm1.0℃$,上海一恒科学仪器有限公司。

数显恒温水浴锅:型号 HH-S1,控温范围为室温$\sim99℃$,控温精度 $\pm1.0℃$,江苏省金坛市医疗仪器厂。

生物显微镜:型号 BK300,放大倍数范围 $40\sim1600$,具有光学数码显微图像拍摄功能,重庆奥特光学仪器有限公司。

平推式切片机：型号 SM2010R，切片厚度 0.5~60 μm，自动进样厚度 0 和 30 μm，总进样距离 40 mm，德国徕卡仪器有限公司。

X 射线衍射仪：型号 XRD-6000，最快定位速度 1000°/min，角度重现性 0.0001°，最小步长 0.002°(θ)，日本岛津仪器公司。

电子天平：型号 BS210S，读数精度 0.1 mg，称量范围 0~210 g，北京赛奥多利斯天平有限公司。

紫外可见光分光度计：型号 TU-1901，波长范围 190~900 nm，波长准确度±0.3 nm，波长重复性 0.1 nm，光度范围-0.4~4.0，光度准确度±0.002，北京普析通用仪器有限责任公司。

单边核磁共振仪：型号 PM5，频率 20 MHz，倾斜度 20 T/m，最大深度 5000 μm，分辨率 10 μm，新西兰麦特瑞公司。

年轮分析工作站：型号 LignoStation，图像分辨率≤20 μm，最大样品尺寸 450 mm×450 mm，德国雷诺泰克公司。

2.1.3 试验方法

2.1.3.1 试验材料的截取

北京杨和新疆杨采伐后立即运至工厂，从胸径处截取一个长 400 mm 的木段，然后锯解成厚 20 mm 的径切板，分别从心材、心边交界材和边材 3 个位置截取 20 mm（径向）×20 mm（弦向）×400 mm（轴向）规格的试样各 2 块，要求试样纹理通直，没有节子和腐朽。将该试样按照图 2-1 分别截取显微构造试样、无皱缩试样、体积收缩率和皱缩率试样、含水率偏差试样、密度试样和化学成分试样。

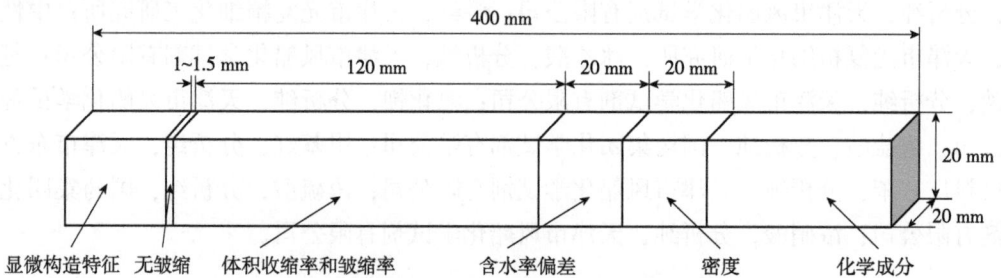

图 2-1　木材细胞皱缩基本条件试样截取示意

2.1.3.2 木纤维壁厚和腔径的测量

取显微构造特征试样上截成长 10~15 mm 的火柴杆状试样，在 100℃ 恒温水浴锅中蒸煮，直到试样完全排出空气沉入试管底部，将试样置于 30%过氧化氢和冰乙酸各一半的离析液中，煮沸至试样膨大变白，然后用力震荡至棉絮状，使单个纤维完全分离，制成临时切片。利用带有光学数码显微图像分析系统的 BK300 生物显微镜进行观察，测量木纤维壁厚和腔径，每个试样测量的细胞数量为 100 个。

2.1.3.3 细胞壁率、侵填体率和组织比量的测量

在显微构造特征试样上截取尺寸为 5 mm×5 mm×5 mm 并具有标准三切面的试样,在 100℃恒温水浴锅中蒸煮排气软化,然后在平推式切片机上切出横、径、弦 3 个面的切片,切片利用番红染色 12 h,之后用乙醇逐级脱水,脱水后用二甲苯透明,经过透明的切片可制作成永久切片。用 BK300 生物显微镜自带摄像机进行拍照,每个试样上取 5 个视野进行测量。利用 Structure 5.0 软件测量细胞壁率,利用图像分析系统测量侵填体率和组织比量。侵填体率为单位面积上含有侵填体导管的数量占导管总数的比例。

2.1.3.4 微纤丝角的测量

微纤丝角的测量采用 X 射线衍射法。试样尺寸为 10 mm×10 mm×1.0 mm,在烘箱中烘干后进行微纤丝角的测量,每个试样重复 3 次。采用逐步扫描法,电压 40 kV,电流 30 mA,$2\theta=22.6°$,$\theta=11.3°$,试样旋转 360°,扫描时间 3 min,得出衍射强度曲线。经数据处理得到强度分布曲线后采用 0.6 T 法计算微纤丝的角度。

2.1.3.5 化学成分的测定

取两种杨木的心材、心边交界材、边材进行化学成分的测定,按照国家标准 GB/T 2677.2—1993 测定含水率,GB/T 2677.4—1993 测定冷水和热水抽出物含量,GB/T 2677.5—1993 测定 1% 氢氧化钠抽出物含量,GB/T 2677.6—1994 测定苯醇抽出物含量,GB/T 2677.8—1994 测定酸不溶木素含量,GB/T 2677.10—1995 测定综纤维素含量。

2.1.3.6 含水率偏差的测量

将 2 mm×2 mm×2 mm 的北京杨和新疆杨标准三切面试样沿弦向劈成 2 块试样,测量每个试样的质量以及厚度,用生料带将试样密封防止水分散失,利用单边核磁共振仪测量每个试样径向上不同深度的含水率。最后在 50℃条件下烘至绝干,测量其质量,计算含水率。含水率偏差指不同深度的最大含水率与最小含水率之间的差值。

单边核磁共振仪的主要参数设置如下:探头选择 PM5,主频率 19.53 MHz,90°脉冲宽度 -7,180°脉冲宽度 0,脉冲长度 4 μm,两次扫描间的时间 2000 ms;回波数 6,扫描次数 90,接收增益值 31,停顿时间 0.5 μs,分辨率 50 μm,初始深度 0,最终深度 5000 μm,扫描步幅为 500 μm,每步移动深度 120 μm。

2.1.3.7 饱水性的测量

利用单边核磁共振来测量试样径向的含水率分布,再利用年轮工作站分别测量径向密度,扫描次数为 3 次。

通过密度和含水率曲线(图 2-2)求出任意径向位置的饱水性。饱水性用含水率饱和度(P)和细胞腔中的水分含量(Q)来表征。

木材的含水率饱和度(P),利用式(2-1)计算:

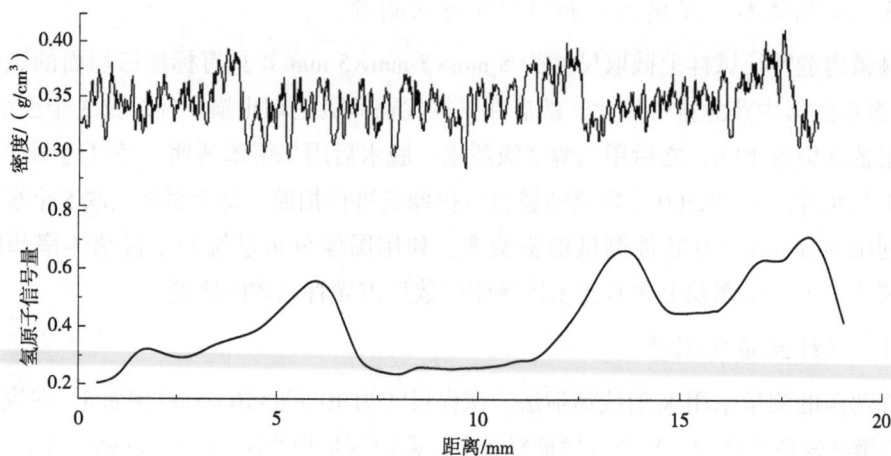

图 2-2　密度和含水率曲线

$$P = \frac{M}{M_m} \times 100 \tag{2-1}$$

式中，P 为含水率饱和度(%)；M 为含水率(%)；M_m 为最大含水率(%)。

最大含水率(M_m)的计算公式为：

$$M_m = 100\left(\frac{1}{\rho} - 0.65\right) \tag{2-2}$$

式中，ρ 为基本密度(g/cm³)。

细胞腔中的水分含量(Q)的计算公式为：

$$Q = \frac{(M-28)\rho}{1000 - 0.93\rho} \tag{2-3}$$

式中，Q 为细胞腔中的水分含量(%)；M 为含水率(%)；ρ 为基本密度(g/cm³)。

2.1.3.8　体积收缩率和皱缩率的测量

木材的皱缩评价指标可以通过体积收缩率和皱缩率来表征。首先扫描体积收缩率试样和无皱缩试样的初始端面图像，然后利用生料带密封试样的端面，在 100℃ 的烘箱中烘至绝干，无皱缩试样利用重物压平，再次扫描端面图像。利用 Structure 5.0 软件测量试样的初始端面尺寸和绝干端面尺寸。体积收缩率由式(2-4)计算。

$$S = \frac{V - V_0}{V} \times 100 \tag{2-4}$$

式中，S 为体积收缩率(%)；V 为初始端面面积(mm²)；V_0 为绝干端面面积(mm²)。

皱缩率由式(2-5)计算。

$$C = S - S_0 \tag{2-5}$$

式中，C 为皱缩率(%)；S_0 为无皱缩试样的体积收缩率(%)。

2.2 结果与讨论

2.2.1 人工林杨木微观构造与细胞皱缩

2.2.1.1 人工林杨木的微观构造特征参数与皱缩指标

北京杨和新疆杨的微观构造特征参数见表2-1。从表2-1看出，北京杨和新疆杨的木纤维壁厚分别为3.60 μm和3.83 μm，木纤维腔径分别为22.99 μm和20.03 μm，微纤丝角分别为27.76°和27.42°，细胞壁率分别为45.53%和45.63%。北京杨的木纤维壁厚和细胞壁率小于新疆杨，木纤维腔径和微纤丝角大于新疆杨。从组织比量来看，北京杨和新疆杨的木纤维率分别为64.72%和62.03%，导管率分别为23.53%和23.49%，木射线率分别为7.90%和11.00%，轴向薄壁细胞率分别为3.85%和3.48%，北京杨的导管率、木纤维率和轴向薄壁细胞率大于新疆杨，木射线率小于新疆杨。北京杨的侵填体率为2.38%，而新疆杨的为55.63%，新疆杨的侵填体率远远大于北京杨。

表 2-1 北京杨和新疆杨的微观构造特征参数

微观特征	北京杨				新疆杨			
	心材	心边交界材	边材	平均值	心材	心边交界材	边材	平均值
壁厚/μm	3.93	3.73	3.13	3.60	3.76	3.70	4.02	3.83
腔径/μm	22.21	22.47	24.28	22.99	19.59	20.20	20.31	20.03
微纤丝角/°	28.10	27.85	27.32	27.76	28.34	27.50	26.41	27.42
细胞壁率/%	50.73	44.59	41.28	45.53	46.29	42.27	48.33	45.63
木纤维率/%	66.90	63.94	63.33	64.72	62.75	60.65	62.68	62.03
导管率/%	22.71	23.15	24.72	23.53	23.40	23.27	23.81	23.49
木射线率/%	6.83	8.06	8.81	7.90	10.50	12.03	10.47	11.00
轴向薄壁细胞率/%	3.56	4.85	3.14	3.85	3.35	4.05	3.04	3.48
侵填体率/%	3.16	2.87	1.12	2.38	67.74	73.13	26.04	55.63

从表2-2看出，北京杨和新疆杨的体积收缩率分别为10.91%和11.45%，皱缩率分别为0.67%和0.75%，新疆杨皱缩程度比北京杨大。无论是北京杨还是新疆杨，心边交界材皱缩程度均最大。

表 2-2　北京杨和新疆杨的皱缩指标对比

皱缩指标	北京杨				新疆杨			
	心材	心边交界材	边材	平均值	心材	心边交界材	边材	平均值
体积收缩率/%	10.74	12.25	10.18	10.91	10.39	12.04	12.61	11.45
皱缩率/%	0.64	1.16	0.20	0.67	0.60	1.10	0.56	0.75

2.2.1.2　人工林杨木微观构造特征参数与皱缩指标的相关性分析

木材的体积收缩是正常干缩和皱缩的总和，正常干缩指在纤维饱和点以下由于木材失水细胞壁变薄而导致的体积收缩，而皱缩指的是在纤维饱和点以上由于细胞压溃而导致的体积收缩。由表 2-3 可以看出，北京杨的体积收缩率与微纤丝角、细胞壁率、木射线率和轴向薄壁细胞率相关。其中体积收缩率与微纤丝角为负相关关系，与细胞壁率、木射线率和轴向薄壁细胞率为正相关关系。北京杨的皱缩率与木射线率和轴向薄壁细胞率正相关。

表 2-3　北京杨的微观构造特征参数、体积收缩率、皱缩率之间的相关性分析

特征与指标	壁厚	腔径	微纤丝角	细胞壁率	木纤维率	导管率	木射线率	轴向薄壁细胞率	侵填体率	体积收缩率	皱缩率
壁厚	1.00	ns	ns	*	*	ns	ns	ns	ns	ns	ns
腔径	-0.41	1.00	ns	ns	ns	ns	ns	ns	ns	ns	ns
微纤丝角	-0.14	-0.00	1.00	ns	ns	ns	ns	ns	ns	**	ns
细胞壁率	0.59	-0.08	0.08	1.00	*	ns	**	ns	ns	*	ns
木纤维率	0.64	-0.22	0.03	0.58	1.00	**	**	ns	*	ns	ns
导管率	-0.43	0.08	0.12	-0.10	-0.86	1.00	ns	ns	*	ns	ns
木射线率	-0.42	0.22	-0.32	-0.67	-0.68	0.24	1.00	ns	ns	*	*
轴向薄壁细胞率	0.36	-0.22	-0.40	0.12	0.28	-0.29	-0.09	1.00	ns	**	**
侵填体率	0.40	-0.38	0.07	0.28	0.58	-0.53	-0.43	0.44	1.00	ns	ns
体积收缩率	0.43	-0.30	-0.66	0.54	0.24	-0.29	0.54	0.87	0.44	1.00	**
皱缩率	0.35	-0.13	-0.35	-0.01	-0.47	0.27	0.56	0.88	0.12	0.83	1

注：ns 表示在 0.05 水平下无相关性；** 表示在 0.01 水平（双侧）上显著相关；* 表示在 0.05 水平（双侧）上显著相关。

新疆杨的微观构造特征与体积收缩率、皱缩率之间的相关性分析见表 2-4。由表 2-4 可以看出，新疆杨的体积收缩率与微纤丝角负相关，与轴向薄壁细胞率、木射线率和侵填体率成正比关系。新疆杨的皱缩率与木射线率、轴向薄壁组织率和侵填体率成正比关系。

表 2-4 新疆杨的微观构造特征参数、体积收缩率、皱缩率之间的相关性分析

特征与指标	壁厚	腔径	微纤丝角	细胞壁率	木纤维率	导管率	木射线率	轴向薄壁细胞率	侵填体率	体积收缩率	皱缩率
壁厚	1.00	ns	ns	ns	ns	ns	ns	ns	ns	ns	ns
腔径	−0.29	1.00	ns	ns	ns	ns	ns	ns	ns	ns	ns
微纤丝角	−0.08	−0.41	1.00	ns	ns	ns	ns	ns	ns	**	ns
细胞壁率	0.39	−0.14	−0.46	1.00	ns	ns	*	ns	*	ns	ns
木纤维率	−0.02	−0.25	−0.04	0.25	1.00	**	ns	ns	ns	ns	ns
导管率	0.15	0.38	−0.17	0.17	−0.70	1.00	ns	ns	ns	ns	ns
木射线率	−0.27	−0.01	0.08	−0.54	−0.25	−0.43	1.00	ns	ns	*	**
轴向薄壁细胞率	−0.25	−0.32	0.10	−0.33	0.14	0.08	0.15	1.00	ns	**	**
侵填体率	−0.48	−0.02	0.40	−0.55	−0.29	−0.16	0.25	0.14	1.00	*	*
体积收缩率	0.36	−0.05	−0.57	0.14	0.08	−0.08	0.50	0.56	0.40	1.00	*
皱缩率	0.31	−0.06	−0.15	−0.44	−0.39	−0.02	0.62	0.74	0.57	−0.06	1

注：ns 表示在 0.05 水平下无相关性；** 表示在 0.01 水平(双侧)上显著相关；* 表示在 0.05 水平(双侧)上显著相关。

影响北京杨和新疆杨的体积收缩率和皱缩率的主要微观构造特征因素归纳见表 2-5。从表 2-5 可以看出，北京杨和新疆杨的皱缩率与薄壁细胞有密切的关系，木射线为阔叶材的横向薄壁细胞，轴向薄壁细胞为纵向薄壁细胞，特点都是细胞壁薄，薄壁细胞是最容易在毛细管张力的作用下被压溃的，两种杨木的轴向薄壁细胞均分布在轮界处，故轮界处容易产生皱缩，试验也证实了这一点，尤其是心边交界材的轮界处皱缩最为严重。而且新疆杨的木射线率为 11.00%，木射线中含有大量的内含物，严重阻塞水分的横向移动，进一步加剧了新疆杨的皱缩，其皱缩率可达到 0.75%。另对于新疆杨，其皱缩率与侵填体率也密切相关，由于新疆杨的侵填体率可以达到 55.63%，侵填体是木材导管内部泡沫状的薄壁组织，它的存在阻塞导管，影响水分传导，使得木材干燥过程中内应力增大，容易加重皱缩缺陷，而且侵填体主要存在于心材和心边交界材中，故新疆杨新边交界处皱缩最为严重。

表 2-5 两种杨木微观构造特征对皱缩指标的影响因素对比

项目	树种	壁厚	腔径	微纤丝角	细胞壁率	木纤维率	导管率	木射线率	轴向薄壁细胞率	侵填体率
体积收缩率	北京杨	ns	ns	**	*	ns	ns	**	**	ns
	新疆杨	ns	ns	**	ns	ns	ns	ns	**	ns
皱缩率	北京杨	ns	ns	ns	ns	ns	ns	ns	ns	ns
	新疆杨	ns	ns	ns	ns	ns	ns	**	**	*

注：ns 表示在 0.05 水平下无相关性；** 表示在 0.01 水平(双侧)上显著相关；* 表示在 0.05 水平(双侧)上显著相关。

无论是北京杨还是新疆杨的体积收缩率都与微纤丝角有密切关系。微纤丝角决定了木材的干缩率的大小，当木材干燥时，微纤丝会由于水层变薄而靠拢，如果微纤丝角较大，其靠拢的程度就会小，横向干缩率变小。两种杨木体积收缩率还和薄壁细胞组织有关，这部分的体积收缩主要源于皱缩。北京杨的体积收缩率与细胞壁率有关，细胞壁率越高木材可收缩的物质越多，木材的体积收缩率越大，北京杨的心材和边材的细胞壁率存在着很大的差别，心材的细胞壁率为50.73%，而边材为41.28%，由于心边材的细胞壁率的不同而收缩不同，通过宏观表现可以看出心边交界处干燥后，心材的收缩率远大于边材的收缩率，形成不规则断面。

2.2.1.3 人工林杨木微观构造特征参数与皱缩指标的回归性分析

北京杨微观特征参数与体积收缩率和皱缩率之间的回归方程见表2-6，回归系数见表2-7。从表2-6中可以看出，北京杨的微观构造特征参数与体积收缩率和皱缩率的多元回归线性方程的 R 值分别为0.91和0.98，线性回归有效。从表2-7看出，影响北京杨的体积收缩率重要因素包括木纤维率和轴向薄壁细胞率，影响皱缩率的主要因素是轴向薄壁细胞率和木射线率。

表2-6　北京杨的微观构造特征与体积收缩率、皱缩率的多元线性回归方程

项目	回归方程	R 值
体积收缩率	$V = -34.08 + 0.85FT + 0.03FD - 0.64MFA + 0.01WP + 0.47FP + 0.56VP + 0.74RP + 0.54PP + 0.38TP$	0.91
皱缩率	$C = -28.59 + 0.17FT + 0.12FD + 0.07MFA - 0.06WP + 0.23FP + 0.40VP + 0.29RP + 0.32PP - 0.04TP$	0.98

注：FT 为壁厚，FD 为腔径，MFA 为微纤丝角，WP 为细胞壁率，FP 木纤维率，VP 为导管率，RP 为木射线率，PP 为轴向薄壁细胞率，TP 为侵填体率。

表2-7　北京杨的微观构造特征与体积收缩率、皱缩率的多元线性回归系数

项目	壁厚	腔径	微纤丝角	细胞壁率	木纤维率	导管率	木射线率	轴向薄壁细胞率	侵填体率
体积收缩率	0.41	0.07	-0.47	0.69	1.27	0.84	0.97	1.05	0.49
皱缩率	0.16	0.61	0.14	-0.52	0.65	0.67	0.86	1.25	0.11

利用多元线性回归分析建立新疆杨微观构造特征参数与体积收缩率、皱缩率之间的关系见表2-8，回归系数见表2-9。从表2-8中可以看出，新疆杨的微观构造特征参数与体积收缩率、皱缩率的多元回归线性方程的 R 值分别为0.96和0.97，符合线性回归。从表2-9看出影响新疆的体积收缩率重要因素包括木纤维率和轴向薄壁细胞率，影响皱缩率的主要因素是轴向薄壁细胞率和侵填体率。

表2-8 新疆杨的微观构造特征与体积收缩率、皱缩率的多元线性回归方程

项目	回归方程	R值
体积收缩率	$V = -99.42 + 7.10FT - 0.16FD - 0.79MFA - 0.16WP + 1.14FP + 0.88VP + 1.01RP + 0.56PP + 0.02TP$	0.96
皱缩率	$C = -11.86 + 0.02FT - 0.04FD - 0.08MFA - 0.01WP + 0.13FP + 0.17VP + 0.18RP + 0.52PP + 0.13TP$	0.97

注：FT为壁厚，FD为腔径，MFA为微纤丝角，WP为细胞壁率，FP木纤维率，VP为导管率，RP为木射线率，PP为轴向薄壁细胞率，TP为侵填体率。

表2-9 新疆杨的微观构造特征与体积收缩率、皱缩率多元线性回归系数

项目	壁厚	腔径	微纤丝角	细胞壁率	木纤维率	导管率	木射线率	轴向薄壁细胞率	侵填体率
体积收缩率	0.52	-0.25	-0.80	-0.44	1.06	0.74	0.84	0.89	0.35
皱缩率	0.01	-0.23	-0.35	-0.07	0.50	0.76	0.55	0.99	0.93

北京杨和新疆杨的体积收缩率和皱缩率与微观构造特征参数的多元回归的主要影响因素略有不同，详见表2-10。从表2-10可以看出，当采用多元回归时，综合考虑各因素对皱缩的影响，人工林杨木的细胞皱缩与木材中的轴向薄壁细胞有密切关系，北京杨的皱缩率与木射线率相关，新疆杨的皱缩还与侵填体有密切的关系。体积收缩率主要受到木纤维率和轴向薄壁细胞率的影响。

表2-10 两种杨木的微观构造特征与皱缩指标多元线性回归的影响因素对比

项目	树种	壁厚	腔径	微纤丝角	细胞壁率	木纤维率	导管率	木射线率	轴向薄壁细胞率	侵填体率
体积收缩率	北京杨	ns	ns	ns	ns	*	ns	ns	*	ns
	新疆杨	ns	ns	ns	ns	*	ns	ns	ns	ns
皱缩率	北京杨	ns	ns	ns	ns	ns	ns	*	*	ns
	新疆杨	ns	ns	ns	ns	ns	ns	ns	*	*

注：ns表示在0.05水平下无相关性；*表示在0.05水平（双侧）上显著相关。

综上，通过对人工林杨木的微观构造特征的研究发现，无论是单因素还是多元回归，北京杨和新疆杨的皱缩与轴向薄壁细胞有密切的关系，侵填体达到一定的值后可以加剧皱缩。体积收缩率与木材的木纤维和轴向薄壁细胞有关。

2.2.2 人工林杨木化学成分与细胞皱缩

2.2.2.1 人工林杨木化学成分与皱缩率的测量结果

北京杨和新疆杨的化学成分见表2-11。

表 2-11 北京杨和新疆杨的化学成分   单位:%

化学成分	北京杨				新疆杨			
	心材	心边交界材	边材	平均值	心材	心边交界材	边材	平均值
热水抽出物	4.59	4.81	4.31	4.57	4.92	5.19	4.53	4.88
1%NaOH 抽出物	19.36	19.06	16.89	18.44	21.52	22.90	17.96	20.80
苯醇抽出物	3.38	3.61	3.11	3.37	3.81	4.11	3.42	3.78
纤维素	51.78	52.13	50.38	51.43	52.84	54.04	54.94	53.94
酸不溶木质素	22.00	22.28	23.64	22.64	22.40	21.97	21.57	21.98

由表 2-11 可以看出,北京杨和新疆杨的纤维素含量分别为 51.43% 和 53.94%,木质素分别为 22.64% 和 21.98%。热水抽出物含量分别为 4.57% 和 4.88%,1%NaOH 含量分别为 18.44% 和 20.80%,苯醇抽出物分别为 3.37% 和 3.78%。总体来说,北京杨的抽出物含量和纤维素含量小于新疆杨,酸不溶木质素含量大于新疆杨。

2.2.2.2 人工林杨木化学成分与皱缩指标的相关性分析

北京杨的化学成分与体积收缩率、皱缩率相关性分析见表 2-12。由表 2-12 可以看出,北京杨的皱缩率与化学成分无相关性,体积收缩率与纤维素含量成正比,与酸不溶木质素含量成反比。

表 2-12 北京杨的化学成分与体积收缩率、皱缩率相关性分析

成分与指标	热水抽出物	1%NaOH 抽出物	苯醇抽出物	纤维素	酸不溶木质素	体积收缩率	皱缩率
热水抽出物	1.00	ns	**	*	ns	ns	ns
1%NaOH 抽出物	0.31	1.00	ns	ns	**	ns	ns
苯醇抽出物	0.99	0.31	1.00	*	ns	ns	ns
纤维素	0.58	0.48	0.58	1.00	**	**	ns
酸不溶木质素	−0.3	−0.72	−0.29	−0.67	1.00	*	ns
体积收缩率	0.45	0.45	0.45	0.67	−0.55	1.00	**
皱缩率	0.23	0.05	0.26	−0.11	0.28	0.80	1.00

注: ns 表示在 0.05 水平下无相关性; ** 表示在 0.01 水平(双侧)上显著相关; * 表示在 0.05 水平(双侧)上显著相关。

新疆杨的化学成分与体积收缩率、皱缩率的相关性分析见表 2-13。由表 2-13 可以看出,新疆杨的皱缩率与热水抽出物、1%NaOH 抽出物、苯醇抽出物呈正相关。而体积收缩率与纤维素含量呈正相关,与酸不溶木质素含量呈负相关。

表 2-13　新疆杨的化学成分与体积收缩率、皱缩率相关性分析

成分与指标	热水抽出物	1%NaOH抽出物	苯醇抽出物	纤维素	酸不溶木质素	体积收缩率	皱缩率
热水抽出物	1.00	**	**	ns	ns	ns	**
1%NaOH 抽出物	0.80	1.00	**	ns	ns	ns	**
苯醇抽出物	0.99	0.80	1.00	ns	ns	ns	**
纤维素	−0.33	−0.36	−0.32	1.00	**	*	ns
酸不溶木质素	0.33	0.45	0.33	−0.84	1.00	*	ns
体积收缩率	−0.23	−0.34	−0.19	0.54	−0.54	1.00	ns
皱缩率	0.86	0.82	0.88	−0.38	0.43	−0.06	1.00

注：ns 表示在 0.05 水平下无相关性；** 表示在 0.01 水平（双侧）上显著相关；* 表示在 0.05 水平（双侧）上显著相关。

Chafe 对桉树进行研究表明，体积收缩率与酸不溶木质素和苯醇抽提物反比关系，与多酚类物质成正比。有些学者发现桉树和松树的抽出物可以使木材的皱缩率增大，另外有人发现木材抽出物含量高会使体积收缩率减小。从表 2-14 看出，无论是北京杨还是新疆杨，其体积收缩率都与纤维素呈正相关，与酸不溶木质素呈负相关。纤维素是木材的骨架物质，骨架物质越多，木材可干缩的部分越多，越容易发生体积收缩。酸不溶木质素与体积收缩率呈负相关，主要由于木质素对吸湿变形的影响。北京杨的皱缩率与化学成分无关，而新疆杨的皱缩率与抽出物呈正相关。抽出物的存在，使得新疆杨的渗透性降低，水分通道堵塞，导致新疆杨的皱缩增加，另外木材的抽出物的存在，会导致气泡效应，最终使木材的皱缩增加。

表 2-14　两种杨木的化学成分与皱缩指标的影响因素对比

项目	树种	热水抽出物	1%NaOH 抽出物	苯醇抽出物	纤维素	酸不溶木质素
体积收缩率	北京杨	ns	ns	ns	*	*
	新疆杨	ns	ns	ns	*	*
皱缩率	北京杨	ns	ns	ns	ns	ns
	新疆杨	**	**	**	ns	ns

注：ns 表示在 0.05 水平下无相关性；** 表示在 0.01 水平（双侧）上显著相关；* 表示在 0.05 水平（双侧）上显著相关。

北京杨和新疆杨在化学成分上最大的差别在于新疆杨的抽出物高于北京杨。利用式(2-6)可以计算出去除抽出物后木材的体积收缩率。

$$S_\gamma = S + \frac{0.507\rho}{100} \qquad (2-6)$$

式中，S 为总的体积收缩率(%)；S_γ 为去除抽出物后的体积收缩率(%)；ρ 为密度(g/cm^3)。

以含量比较高的 1% NaOH 抽出物为例，北京杨的体积收缩率为 10.91%，去除 1% NaOH 抽出物后体积收缩率为 10.87%，而新疆杨的体积收缩率为 11.45%，去除 1% NaOH 抽出物后体积收缩率为 11.40%，北京杨体积收缩率降低了 0.04%，而新疆杨降低了 0.05%。新疆杨比北京杨降低的要多，北京杨的抽出物对皱缩影响不大。

2.2.2.3 人工林杨木化学成分与皱缩指标的回归性分析

利用多元线性回归分析建立北京杨化学成分与体积收缩率、皱缩率之间的关系见表 2-15，回归系数见表 2-16。从表 2-15 和表 2-16 可以看出，在多元线性回归方程中，影响北京杨的体积收缩率的主要因素是纤维素含量和酸不溶木质素含量，各化学成分对皱缩的影响不显著。

表 2-15　北京杨的化学成分与体积收缩率、皱缩率的多元线性回归方程

项目	回归方程	R 值
体积收缩率	$S=5.52+1.22WS-0.27NS-0.33BCS+0.33C-0.40L$	0.92
皱缩率	$C=3.72+0.80WS-0.09NS-0.30BCS-0.06C-0.26L$	0.91

注：WS 为热水抽出物含量；NS 为 1%NaOH 抽出物含量；BCS 为苯醇抽出物含量，C 为纤维素含量；L 为酸不溶木质素含量。

表 2-16　北京杨的化学成分与体积收缩率、皱缩率的多元线性回归系数

项目	热水抽出物	1%NaOH 抽出物	苯醇抽出物	纤维素	酸不溶木质素
体积收缩率	0.32	−0.36	−0.19	0.52	−0.41
皱缩率	−0.06	0.19	0.39	−0.60	0.24

利用多元线性回归分析建立新疆杨化学成分与体积收缩率、皱缩率之间的关系见表 2-17，回归系数见表 2-18。从表 2-17 和表 2-18 可以看出，在多元线性回归方程中，影响新疆杨的体积收缩率和皱缩率的主要因素分别是热水抽出物含量和苯醇抽出物含量。

表 2-17　新疆杨的化学成分与体积收缩率、皱缩率的多元线性回归方程

项目	回归方程	R 值
体积收缩率	$S=40.38-21.53WS-0.19NS+21.59BCS+0.22C-0.60L$	0.91
皱缩率	$C=-2.25-1.60WS+0.04NS+2.20BCS+0.01C+0.07L$	0.91

注：WS 为热水抽出物含量；NS 为 1%NaOH 抽出物含量；BCS 为苯醇抽出物含量，C 为纤维素含量；L 为酸不溶木质素含量。

表 2-18　新疆杨的化学成分与体积收缩率、皱缩率的多元线性回归系数

项目	热水抽出物	1%NaOH 抽出物	苯醇抽出物	纤维素	酸不溶木质素
体积收缩率	4.47	−0.30	4.65	0.25	−0.24
皱缩率	−1.42	0.29	2.02	0.01	0.12

在多元回归中，化学成分对北京杨和新疆杨的影响因素不同，详见表 2-19。通过多元回归看出，新疆杨的体积收缩率和皱缩率受到抽出物的影响较为显著，北京杨的体积收缩率与细胞壁物质有关。

表 2-19　两种杨木化学成分与皱缩多元线性回归的影响因素对比

项目	树种	热水抽出物	1%NaOH 抽出物	苯醇抽出物	纤维素	酸不溶木质素
体积收缩率	北京杨	ns	ns	ns	*	*
	新疆杨	*	ns	*	ns	ns
皱缩率	北京杨	ns	ns	ns	ns	ns
	新疆杨	*	ns	*	ns	ns

注：ns 表示在 0.05 水平下无相关性；* 表示在 0.05 水平（双侧）上显著相关。

综上，北京杨和新疆杨的体积收缩率与细胞壁物质关系密切，而新疆杨的皱缩与抽出物有关。

2.2.3　人工林杨木含水率偏差、饱水性与细胞皱缩

2.2.3.1　人工林杨木的含水率偏差与皱缩指标的相关性分析

将北京杨和新疆杨每块试样的氢原子信号量与含水率进行线性拟合，如图 2-3 所示。由图 2-3 可以看出，北京杨的含水率与氢原子信号量成正比关系，拟合方程为 $y=258.9x-12.51$，相关系数的平方值 $R^2=0.951$。新疆杨的含水率与氢原子信号量成正比关系，拟合方程为 $y=176.9x+6.707$，相关系数的平方值 $R^2=0.962$。通过拟合可以看出北京杨和新疆杨的含水率完全可以用单边核磁共振的氢原子信号量来代替，且氢原子信号量越大，木材的含水率越高。

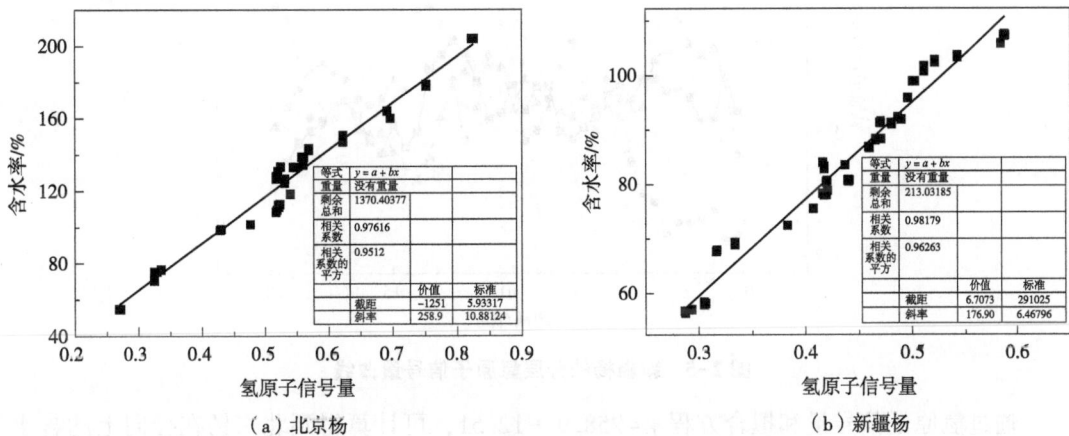

（a）北京杨　　　　　　　　　　　（b）新疆杨

图 2-3　北京杨和新疆杨含水率与氢原子信号量关系

通过单边核磁共振仪收集的北京杨和新疆杨的心材、心边交界材和边材在不同径向深度上的氢原子信号量，即得到北京杨和新疆杨的分层信号量曲线（图 2-4、图 2-5）。从曲

线的趋势来看，出现若干个波峰，对比探测深度可以得到波峰出现在晚材带，由于含水率与氢原子信号量成正比关系，说明此处的含水率较高。

从图 2-4 北京杨的分层氢原子信号量曲线来看，心材和边材各层的氢原子信号量波动幅度不大，而心边交界材的心材和边材交界处氢原子信号量发生骤变，心材的氢原子信号量明显高于边材的信号量，即心材含水率明显高于边材。

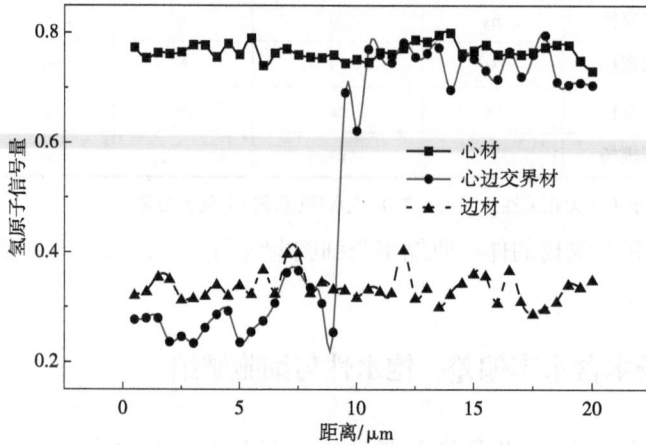

图 2-4　北京杨的分层氢原子信号量曲线

从图 2-5 可以看出，新疆杨心材和边材各层的氢原子信号量波动幅度较北京杨大。在心边交界材处也出现氢原子信号量骤变的现象，但是比北京杨骤变的幅度小。

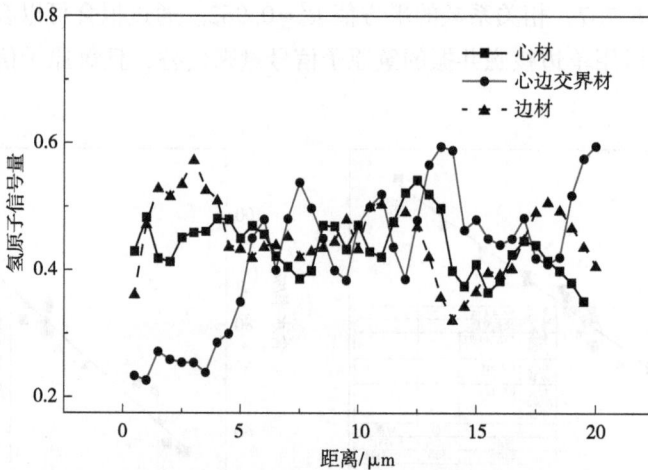

图 2-5　新疆杨的分层氢原子信号量曲线

通过氢原子信号量和拟合方程 $y = 258.9x - 12.51$，可计算得到北京杨在径向上的含水率偏差(表 2-20)。含水率偏差指不同深度的最大含水率与最小含水率之间的差值。由表 2-20 可知，北京杨的心材、心边交界材和边材的含水率偏差分别为 24.00%，119.69% 和 13.29%。含水率偏差在径向上的规律为心边交界材处的最大，心材次之，边材最小。

心边交界材的含水率偏差比边材的含水率偏差大 106.20%。新疆杨 3 个位置的含水率差异不大（表 2-21）。心材、心边交界材和边材的含水率偏差分别为 58.82%，78.82% 和 33.17%。心边交界材的含水率偏差较边材的含水率偏差大 45.65%。北京杨较大而新疆杨的较小。北京杨的心材和边材的含水率偏差比新疆杨的分别小 34.82% 和 19.88%，但是心边交界材的含水率偏差比新疆杨的要大得多。

表 2-20　北京杨的含水率偏差、体积收缩率和皱缩率

位置	含水率偏差/%	体积收缩率/%	皱缩率/%
	33.57	9.27	0.56
	18.30	9.86	0.80
心材	18.56	9.85	0.78
	29.69	9.48	0.61
	19.90	9.76	0.44
平均值	24.00	9.64	0.64
	127.30	10.76	1.35
	124.20	11.76	1.13
心边交界材	129.37	10.82	1.23
	71.12	10.83	1.26
	146.46	10.67	0.81
平均值	119.69	10.97	1.16
	7.43	9.49	0.21
	15.84	8.61	0.31
边材	14.35	9.56	0.24
	13.38	9.65	0.05
	15.45	9.29	0.21
平均值	13.29	9.32	0.20

表 2-21　新疆杨的含水率偏差、体积收缩率和皱缩率

位置	含水率偏差/%	体积收缩率/%	皱缩率/%
	46.16	10.61	0.69
	84.90	9.67	0.82
心材	61.90	9.76	0.93
	53.76	9.07	0.38
	47.39	9.32	0.48
平均值	58.82	9.686	0.66

（续）

位置	含水率偏差/%	体积收缩率/%	皱缩率/%
	68.09	9.69	0.66
	92.50	12.31	1.09
心边交界材	68.09	11.53	1.03
	71.98	11.65	1.08
	93.45	11.78	1.19
平均值	78.82	11.39	1.01
	19.97	12.92	0.35
	35.90	12.04	0.25
边材	38.01	13.09	0.42
	33.60	13.43	0.32
	38.37	12.47	0.44
平均值	33.17	12.79	0.36

利用 SPASS 9.0 软件对北京杨和新疆杨的含水率偏差与体积收缩率、皱缩之间的相关性关系进行分析，得出几个参数的相关性见表 2-22 和表 2-23。

表 2-22 北京杨的含水率偏差、体积收缩率和皱缩率相关性分析

项目	含水率偏差	体积收缩率	皱缩率
含水率偏差	1.00	**	*
体积收缩率	0.84	1.00	**
皱缩率	0.70	0.80	1.00

注：** 表示在 0.01 水平（双侧）上显著相关；* 表示在 0.05 水平（双侧）上显著相关。

表 2-23 新疆杨的含水率偏差、体积收缩率和皱缩率相关性分析

项目	含水率偏差	体积收缩率	皱缩率
含水率偏差	1.00	ns	*
体积收缩率	0.37	1.00	ns
皱缩率	0.85	-0.15	1.00

注：ns 表示在 0.05 水平下无相关性；* 表示在 0.05 水平（双侧）上显著相关。

从表 2-22 看出，北京杨的体积收缩率和皱缩率与含水率偏差显著正相关。从表 2-23 看出，新疆杨的体积收缩率和含水率偏差无关，皱缩率与含水率偏差呈正相关性。因为木材径向上的含水率存在含水率偏差，导致在干燥过程中分层含水率的差异更大，会产生较大的干燥应力，干燥应力越大，干燥越容易变形，从而加剧了木材的皱缩。

2.2.3.2 人工林杨木饱水性与皱缩指标的相关性分析

人工林杨木在轮界线处,主要为轴向薄壁组织,且容易产生皱缩。进一步利用年轮工作站可以分析出轮界线处的早材密度,通过式(2-1)~式(2-3)可以计算出此处的饱水状态。北京杨和新疆杨轮界线处的饱水状态见表2-24。

从表2-24可以看出,北京杨轮界线处的 P 从心材到边材分别为79.42%、97.45%和63.80%,P 指的是含水率的饱和度,也就是含水率与最大含水率之间的比值,可以看出北京杨心边交界线处的近于完全饱和状态,心材的含水率饱和度大于边材。细胞内的水分含量(Q)与 P 的趋势相同。新疆杨的 P 值分别为72.28%、79.50%和63.34%,新疆杨的心边交界线处的含水率饱和度低于北京杨。

表 2-24 两种杨木的饱水性 单位:%

树种	心材		心边材交界材		边材	
	P	Q	P	Q	P	Q
北京杨	90.82	89.05	93.31	92.20	83.44	80.04
	63.95	57.89	98.99	98.23	73.58	69.81
	91.57	90.07	97.41	96.97	41.10	36.56
	87.85	86.06	99.42	99.01	77.32	74.21
	62.89	57.98	98.14	97.86	43.58	39.30
平均值	79.42	76.21	97.45	96.85	63.80	59.98
新疆杨	77.12	71.02	72.41	73.95	61.09	49.67
	77.02	72.32	79.81	81.87	47.06	39.50
	71.65	65.62	79.88	73.85	74.85	69.31
	75.04	68.87	77.27	71.14	84.67	80.38
	60.57	53.42	88.14	84.94	49.03	40.98
平均值	72.28	66.25	79.50	77.15	63.34	55.97

注:P 为含水率饱和度,Q 为细胞内的水分含量。

利用SPASS 9.0软件建立北京杨和新疆杨的饱水性与体积收缩率、皱缩之间的关系,见表2-25、表2-26。从表2-25看出,北京杨的体积收缩率和皱缩率都与饱水性呈正相关,且木材水分越饱和越容易皱缩。从表2-26看出新疆杨的体积收缩率与饱水性无关,皱缩率与饱水性正相关。这主要是由于木材细胞只有在饱水状态下会发生皱缩。当木材中的细胞处于饱水状态,木材的细胞腔中无气泡,液态水不会流动。如果细胞腔内有气泡,当气泡的直径大于纹孔膜口的最大直径时,在水的张力作用下,这些气泡就会膨胀,水分就能顺利地从纹孔膜上穿越。当气泡的大小不同时,水分的拉力方向就会改变,当这个张力大于细胞壁的横纹抗压强度,木材的细胞就不会皱缩。

表 2-25　北京杨的饱水性与体积收缩率、皱缩率相关性分析

项目	P	Q	体积收缩率	皱缩率
P	1.00	ns	**	**
Q	0.99	1.00	**	*
体积收缩率	0.67	0.68	1.00	**
皱缩率	0.65	0.65	0.86	1.00

注：P 为含水率饱和度，Q 为细胞内的水分含量；ns 表示在0.05 水平下无相关性；** 表示在 0.01 水平（双侧）上显著相关；* 表示在 0.05 水平（双侧）上显著相关。

表 2-26　新疆杨的饱水性与体积收缩率、皱缩率的相关性分析

项目	P	Q	体积收缩率	皱缩率
P	1.00	ns	ns	**
Q	0.99	1.00	ns	*
体积收缩率	−0.29	−0.28	1.00	**
皱缩率	0.63	0.63	0.86	1.00

注：P 为含水率饱和度，Q 为细胞内的水分含量；ns 表示在 0.05 水平下无相关性；** 表示在 0.01 水平（双侧）上显著相关；* 表示在 0.05 水平（双侧）上显著相关。

通过对北京杨和新疆杨的含水率偏差和断面饱水状态进行研究，结果表明北京杨和新疆杨的含水率偏差与皱缩率呈正相关；北京杨的体积收缩率与含水率偏差正相关，而新疆杨的与此无关。北京杨的体积收缩率和皱缩率与木材的饱水性皆呈正相关。新疆杨的皱缩与饱水性正相关。

2.3　本章小结

通过对北京杨和新疆杨皱缩基本条件的研究发现如下：

(1)北京杨和新疆杨的体积收缩率与微纤丝角、薄壁细胞率(包括轴向细胞率和木射线率)有关。两种杨木的皱缩率也与薄壁细胞率和木射线率有关，而且新疆杨中大量的侵填体对皱缩率影响很大。

(2)北京杨和新疆杨的体积收缩率与细胞壁物质关系密切，北京杨的皱缩率与化学成分关系不大，而新疆杨的皱缩率与抽出物含量正相关。

(3)北京杨和新疆杨的含水率偏差与皱缩率成正比关系，北京杨的体积收缩率和皱缩率与木材的饱水性皆成正比关系，新疆杨则只有皱缩率与饱水性正相关。

3 人工林杨木干燥条件与细胞皱缩

3.1 试验材料和方法

3.1.1 试验材料

本试验以北京杨(*Populus×beijingensis* W. Y. Hsn)和新疆杨(*Populus alba* var. *pyramidalis* Bge)两种杨木为试验材料,胸径为30~34 cm,采自内蒙古自治区呼和浩特市土默特左旗毕克齐镇。

3.1.2 试验设备

核磁共振分析仪:型号LF90,探头直径为90 mm,磁体频率为6.22 MHz,90°脉宽为12.98 μs,180°脉宽为25.98 μs,德国布鲁克公司。

电子天平:型号BS210S,读数精度0.1 mg,称量范围210 g,北京赛奥多利斯天平有限公司。

调温调湿试验箱:温度范围为0~180℃,箱内温度均匀性小于1℃,湿度范围为20%~98%,湿度波动度不超过±0.5%,湿度均匀性小于3%,上海多禾试验设备有限公司。

3.1.3 试验方法

3.1.3.1 皱缩过程

将北京杨和新疆杨的原木锯成20 mm厚的弦切板,从心材、心边交界材和边材处截取20 mm(径向)×20 mm(弦向)×120 mm(轴向)的试样,各10块,浸泡于水中至饱和。将试样的端头密封,模拟长材。在干燥前称重并利用扫描仪获取端面图像,在温湿箱中进行干燥，干燥条件见表3-1。试验过程中每隔一段时间称重并获取端面图像。达到恒重后放入100℃烘箱中烘至绝干，再次称重和获取图像，利用 Structure 5.0 软件计算端面的尺寸并计算体积收缩率。由于轴向干缩量很小，所以在计算体积收缩率时忽略轴向尺寸变化。

表3-1　干燥条件

因素	水平		
温度/℃	50	70	90
湿度/%	30	40	50

3.1.3.2　干燥过程中水分状态

试样的截取和封端头处理以及试验方法见3.1.3.1。在干燥过程中每隔一段时间（同皱缩过程）利用低场核磁共振仪收集 T2 数据。干燥条件同表3-1。

低场核磁共振仪 T2 测定所用的序列为 CPMG 序列，具体参数设置如下：回波时间0.8 ms，回波个数3000，扫描次数8次，循环延迟时间2s。通过仪器自带的 Contin 软件对 T2 数据进行反演，可获得木材 T2 分布图谱，T2 分布描述木材干燥过程中水分的迁移变化，通过不同组分水的 T2 弛豫时间对应的峰面积定量计算出北京杨和新疆杨中自由水率。自由水率的公式见式（3-1）。

$$M_f = \frac{G_f}{G_0} \times 100 \tag{3-1}$$

式中，M_f 为自由水率(%)；G_f 为自由水的质量(g)；G_0 为绝干木材的质量(g)。

3.2　结果与讨论

3.2.1　人工林杨体积收缩过程

3.2.1.1　不同位置体积收缩率的变化

木材具有干缩湿胀的特性，随着含水率的下降木材的体积会减小。木材的皱缩会在很高的含水率条件下产生，而木材的干缩发生在纤维饱和点处，即含水率30%处。木材不同位置的构造有所差异，导致其干燥过程体积收缩的程度不同，在温度70℃和湿度50%的条件下，北京杨和新疆杨的心材、心边交界材和边材的体积收缩率与含水率的关系如图3-1所示。

由图3-1可知，北京杨和新疆杨的体积收缩率随着含水率的变化规律为一个四段式干燥过程，随着含水率的降低，体积收缩率先缓慢增加，当含水率降低到一定值时，木材的体积收缩率突然骤增，此时含水率高于纤维饱和点，随后又变得平缓，当含水率达到纤维饱和点时，体积收缩率又突然急剧增加，而后又平缓增加。第一个出现骤增趋势的点出现前，木材已经开始发生皱缩，也就是由于细胞的变形，板面凹陷而导致木材的体积缩小，

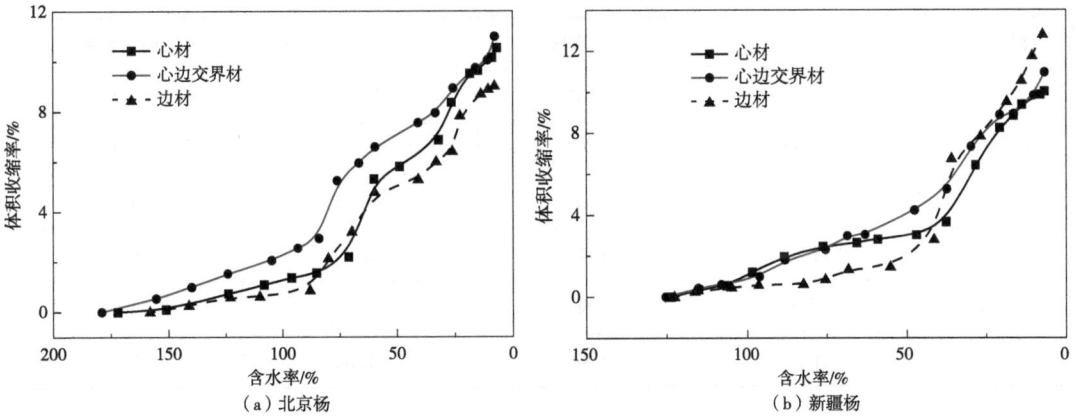

图 3-1　不同位置体积收缩率随含水率的变化

第二个骤降的点在纤维饱和点处，此时为正常干缩，即由于微纤丝之间水层变薄而导致的体积收缩。

　　无论北京杨还是新疆杨，在未达到第一个骤降点前，心边交界材的体积收缩率变化速度都大于其他部位。也就说明心边交界材的皱缩主要发生在干燥的初期，此时心边交界材含水率偏差大，存在很大的干燥应力，所以其皱缩率较大。

3.2.1.2　不同温度条件下含水率与体积收缩率的关系

　　在湿度 50%，温度 50℃、70℃ 和 90℃ 的条件下，北京杨和新疆杨的心边交界材体积收缩率与含水率的关系曲线如图 3-2 所示。

　　由图 3-2 可以看出，北京杨和新疆杨的心边交界材体积收缩速度会随温度的增加而增大。北京杨的心材和边材也有同样的规律。

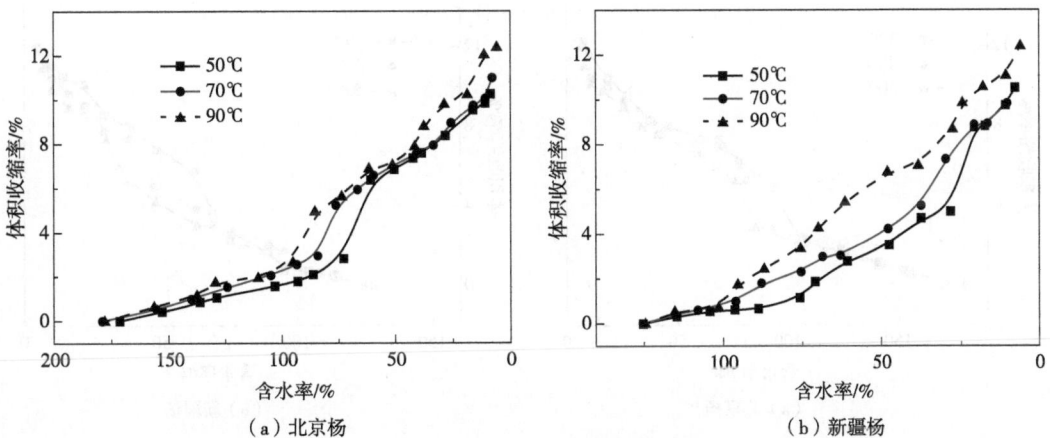

图 3-2　不同温度下心边交界材体积收缩率随含水率的变化

　　图 3-2 中，曲线中第一个体积骤降的点为皱缩发生的时刻，通过求曲线的二阶导数为 0 的点，即为发生皱缩的拐点，可得到北京杨和新疆杨发生皱缩的含水率值见表 3-2。

表 3-2　不同温度下北京杨和新疆杨的心边交界材发生皱缩时的含水率

树种	位置	50℃时含水率/%	70℃时含水率/%	90℃时含水率/%
北京杨	心材	70.00	71.05	90.12
	心边交界材	72.72	84.14	95.13
	边材	82.48	85.46	109.87
新疆杨	心材	29.41	35.30	36.20
	心边交界材	28.66	29.88	35.22
	边材	40.82	41.62	42.54

从表 3-2 可以明显看出,北京杨和新疆杨在不同温度条件下出现皱缩的含水率不同,总体呈现温度越高,在高含水率条件下就会产生皱缩,温度越低出现皱缩的含水率较低。温度越高,木材水分蒸发得越快,表层已经处于纤维饱和点以下,但是心层的含水率还非常高,这使木材的干燥应力非常大,干燥应力是加剧木材皱缩的一个原因;另外,在温度作用下,木材的半纤维素等物质进行分解,导致木材的细胞壁的强度下降。温度越高木材的分解速度越快,所以皱缩越容易提前。

3.2.1.3　不同湿度条件下含水率与体积收缩率的关系

在温度 70℃,湿度 30%、40% 和 50% 时,北京杨和新疆杨的心边交界材含水率与体积收缩率的关系曲线如图 3-3 所示。

由图 3-3 可以看出,北京杨和新疆杨的心边交界材体积收缩速度会随湿度的减小而增大。

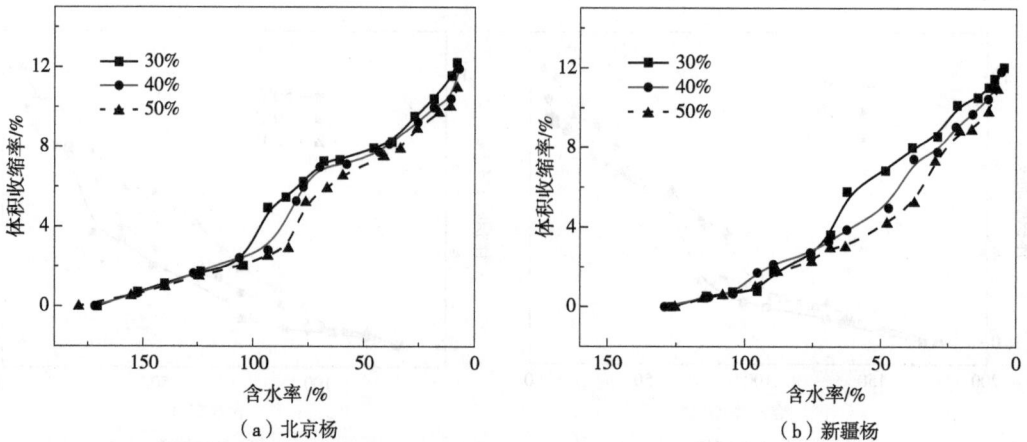

（a）北京杨　　　　　　　（b）新疆杨

图 3-3　不同湿度条件下心边交界材的含水率与体积收缩率之间的关系

新疆杨和北京杨发生皱缩时的含水率值见表 3-3。从表 3-3 可以明显地看出,北京杨和新疆杨在不同湿度条件下出现皱缩的含水率不同,总体呈现湿度越低,在高含水率条件下就会产生皱缩，湿度越高出现皱缩时的含水率较低。湿度越低，木材水分蒸发得越快，表层已经处于纤维饱和点以下，但是心层的含水率还非常高，这使木材的干燥应力非常大，干燥应力大是加剧木材皱缩的一个原因，故体积收缩率就会增大。

表 3-3　不同湿度下北京杨和新疆杨的心边交界材发生皱缩时的含水率

树种	位置	湿度 30% 时含水率/%	湿度 40% 时含水率/%	湿度 50% 时含水率/%
北京杨	心材	123.95	85.96	71.05
	心边交界材	104.21	93.31	84.14
	边材	112.01	131.39	95.12
新疆杨	心材	38.92	38.50	35.30
	心边交界材	69.08	43.24	33.21
	边材	44.29	39.09	41.62

综上，人工林杨木的心边交界材皱缩速度快；温度越高、湿度越低，皱缩速度越快，出现皱缩时的含水率越高。

3.2.2　人工林杨木干燥过程中的水分状态对体积收缩率的影响

3.2.2.1　不同位置水分状态与体积收缩率的关系

利用低频核磁共振对两种杨木的水分状态进行分析，首先测量试样的质量和 CPMG 序列扫描，可以得到不同水分状态的弛豫时间和此弛豫时间对应的峰，弛豫时间越短，说明这种状态的水与木材的结合力强，反之弛豫时间长，这种状态的水与木材的结合力弱。通过研究表明，峰面积与水分质量呈显著的线性关系，也就是说峰面积可以代表水分质量。

利用低频核磁共振技术探索北京杨的不同位置在温度 70℃ 和湿度 50% 条件下的水分状态如图 3-4 所示。

按照弛豫时间的长短可以分为 4~5 个峰，分别在 1 ms 以下、1~10 ms 处、10~100 ms 处、100 ms 以上，1 ms 以下和 1~10 ms 处的 2 个峰为结合水，1 ms 以下的峰处的水分被木材束缚得最强，代表了直接通过氢键与木材的纤维素、半纤维素和木质素分子链上的羟基相结合的水，1~10 ms 处的结合水与木材的结合相对弱一些，为木材中微毛细管中的水分。在 10 ms 以上的峰为自由水，这部分水主要为导管和木纤维中的水分，导管的孔径为木纤维孔径的 2~3 倍，细胞中自由水的弛豫时间为木纤维的 2~9 倍，10~100 ms 的峰应该为木纤维和纹孔内的自由水，100 ms 以上的峰为导管等粗大孔隙中的自由水。

从图 3-4 可以看出，干燥初期在高含水率状态下，北京杨具有 4~5 个峰，10 ms 以下有 2 个峰，10 ms 以上有 2~3 个峰。随着干燥的进行，含水率的下降，10 ms 以上的峰整体左移，且峰面积逐渐减小，当含水率达到纤维饱和点的时候，弛豫时间为 10 ms 以上的峰消失，也就是北京杨的导管、木纤维和纹孔里的水分相继蒸发殆尽；另外，在纤维饱和点

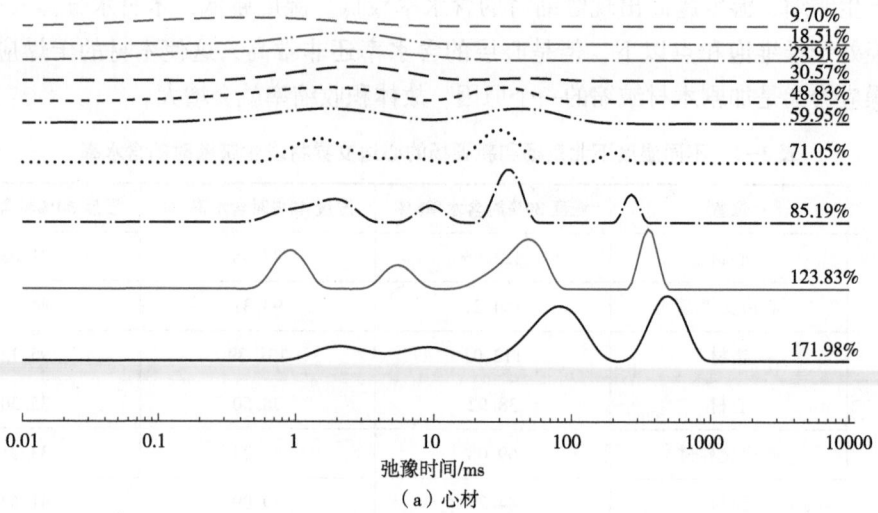

（a）心材

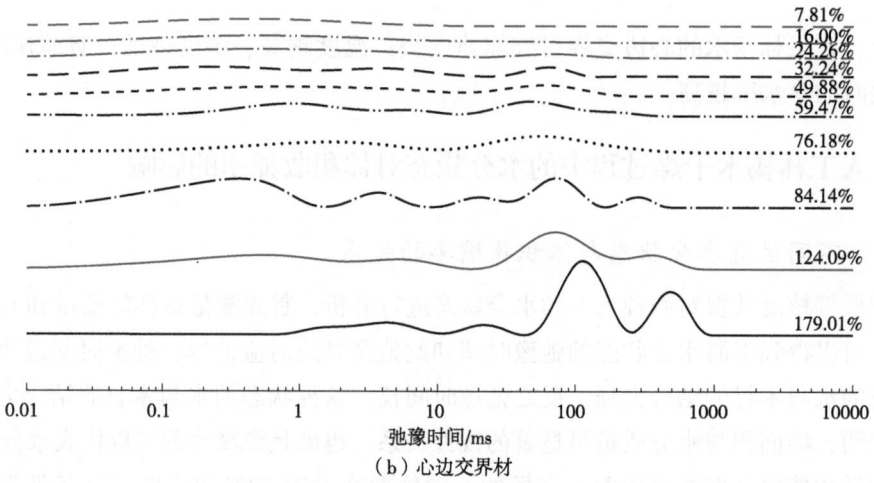

（b）心边交界材

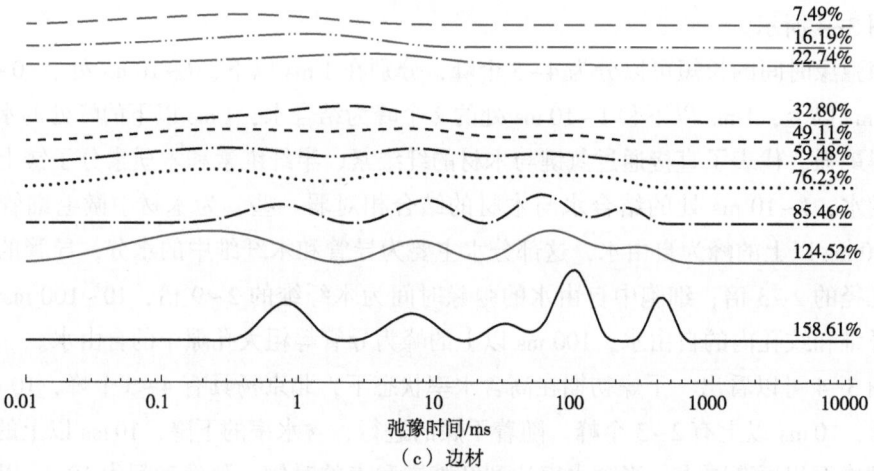

（c）边材

图 3-4　北京杨干燥过程的 T2 分布

以上，10 ms 以下的峰面积也在逐渐减小，说明在纤维饱和点以上木材中的结合水也减少。随着含水率继续下降，当含水率达到纤维饱和点附近时，自由水的峰完全消失，只剩下结合水的一个峰，继续干燥，结合水的峰也消失。

北京杨的心材含水率为 71.05% 时，100 ms 以上的峰消失，在含水率为 30.57% 时，自由水的峰全部消失。心边交界材和心材的规律基本相同，自由水和结合水消失的含水率分别为 84.14% 和 32.24%。边材 2 个峰消失时的含水率分别为 85.46% 和 49.11%。3.2.1 节所述北京杨皱缩发生时的含水率正好是自由水消失殆尽时的含水率，说明木材发生皱缩的时刻正好是大孔径细胞腔中水分消失或转化的时刻。

新疆杨的不同位置在温度 70℃ 和湿度 50% 条件下的水分状态如图 3-5 所示。由图 3-5 看出，新疆杨的心材在含水率 35.20% 以上时，按照弛豫时间的长短可以分为 5 个峰，弛豫时间较短的 2 个峰为结合水，弛豫时间长的 2 个峰为自由水，自由水的峰随着干燥的进行整体向左移，而且 2 个峰的峰面积在减少，在 35.20% 时，100 ms 以上的峰消失，为新疆杨中较大孔径的细胞腔中的水分消失，在含水率为 28.41% 时，此时应该为自由水蒸发殆尽，新疆杨心材达到纤维饱和点。新疆杨的心边交界材和心材的规律基本相同，2 个峰消失的含水率分别为 35.21% 和 20.72%。边材 2 个峰消失的含水率分别为 41.62% 和 26.72%。新疆杨 100 ms 以上的峰消失时候的含水率与皱缩发生时含水率一致。

总体来说，北京杨 100 ms 以上的峰消失时的含水率为 70%~80%，而新疆杨的为 35%~40%，北京杨远高于新疆杨，这与两种杨木的构造有密切的关系，北京杨的侵填体较少，水分容易蒸发，而新疆杨的导管里有大量的侵填体，这使得新疆杨导管中的水分很难排除。

3.2.2.2 不同温度条件下水分状态与体积收缩率的关系

由于心边交界材皱缩最为严重，本部分以心边交界材进行讨论。北京杨的心边交界材在湿度 50%，温度 50℃、70℃ 和 90℃ 的条件下进行干燥，得出的 T2 分布图如图 3-6 所示。弛豫时间和峰面积见表 3-4~表 3-6。

从图 3-6 和表 3-4~表 3-6 看出，干燥初期北京杨的心边交界材有 5 个峰，10 ms 以上的 2 个峰为自由水的峰，10 ms 以下为结合水的峰。干燥温度为 50℃ 时，100 ms 以上的峰在含水率为 84.00% 时消失，10~100 ms 的峰在含水率为 28.19% 时消失，同时结合水的峰也在这个位置消失。当干燥温度为 70℃ 时，100 ms 以上的峰在含水率为 87.14% 时消失，在干燥过程中最右边的峰向左移，应该是有部分转化成了小毛细管中的水，而 10~100 ms 的峰在含水率为 16.00% 处消失，同时毛细管内的结合水的峰在含水率为 32.24% 时消失。当干燥温度为 90℃ 时，北京杨的心边交界材在干燥初期 2 个自由水的峰，同样在这个含水率阶段 100 ms 以上的峰左移，存在水分的转化，而当含水率为 95.13% 时到纤维饱和点这个区间内，自由水的峰不移动，微毛细管内的结合水与微孔中的自由水在含水率为 28.56% 时同时消失。

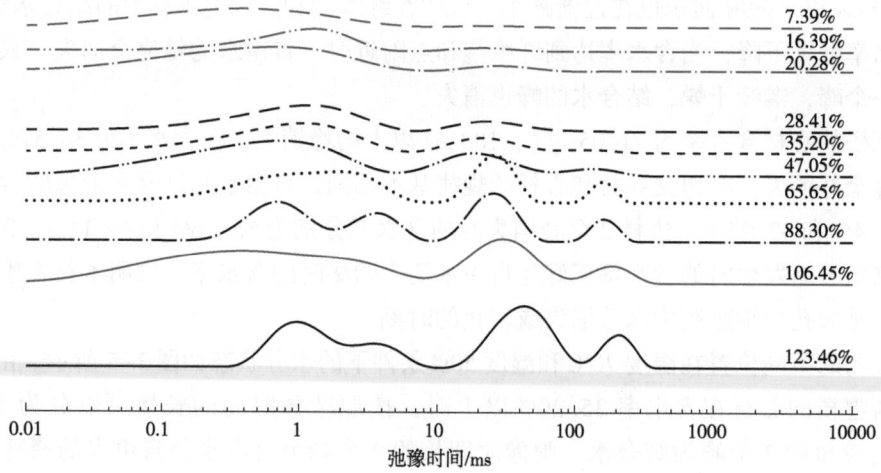

（a）心材

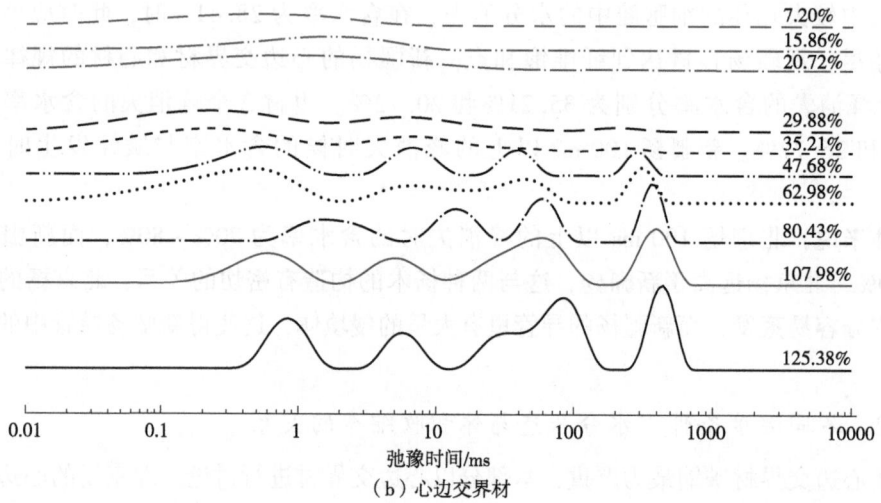

（b）心边交界材

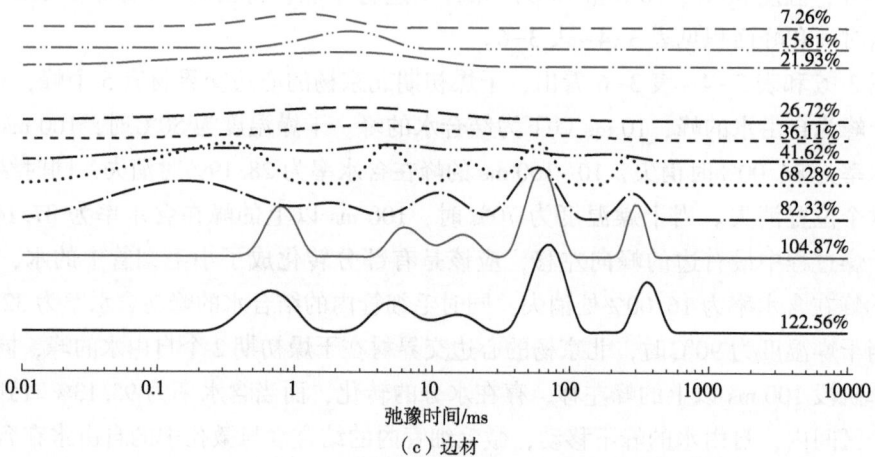

（c）边材

图 3-5　新疆杨干燥过程的 T2 分布

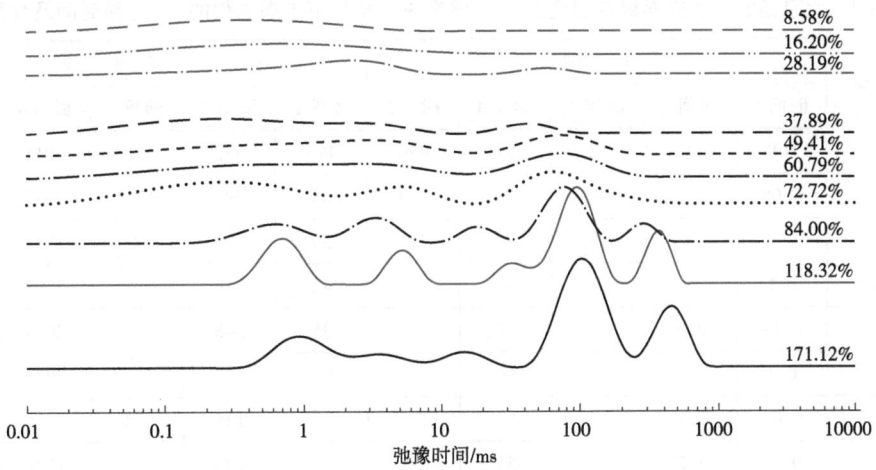

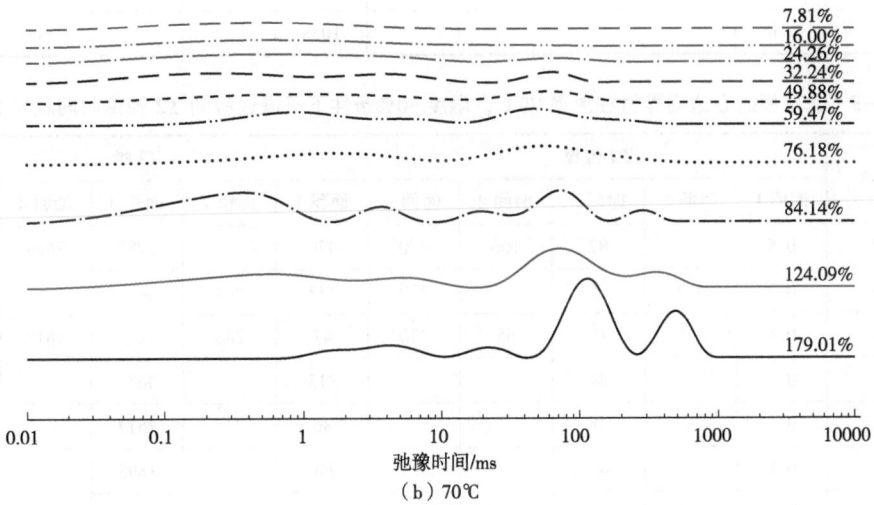

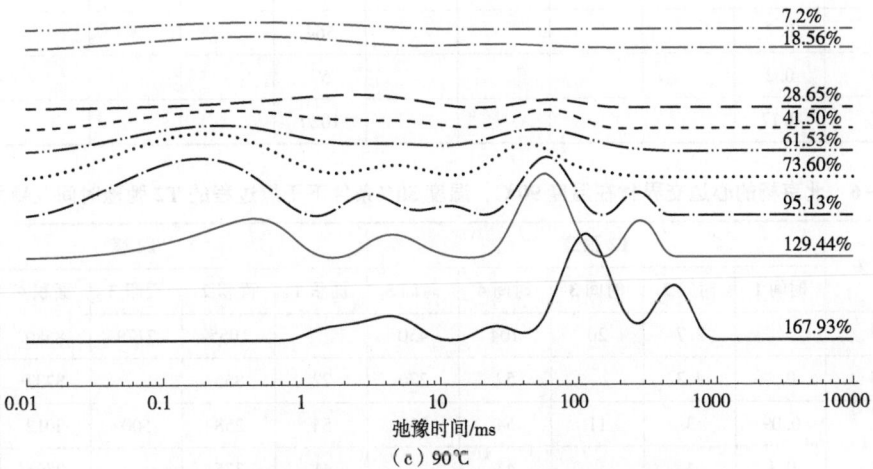

图 3-6　北京杨在湿度 50%条件下干燥过程的 T2 分布

表 3-4　北京杨的心边交界材在温度 50℃，湿度 50%条件下干燥过程的 T2 弛豫时间及峰面积

含水率/%	T2 弛豫					T2 峰				
	时间 1	时间 2	时间 3	时间 4	时间 5	面积 1	面积 2	面积 3	面积 4	面积 5
171.12	0.9	4	13	97	420	195	432	2010	8015	8997
118.32	0.08	3.6	23	84	340	68	392	1338	2952	4296
84.00	0.5	3	18	73	270	50	306	741	1787	2331
72.72	0.1	4		64		42	459		3392	
60.79	0.13	2.5		57		35	348		2663	
49.41	0.3			60		309			2078	
37.89	0.07	3.1	10	83		23	128	111	1555	
28.19	0.13	3.5		51		17	104		1271	
16.20	0.21					1173				
8.58	0.16					1038				

表 3-5　北京杨的心边交界材在温度 70℃，湿度 50%条件下干燥过程的 T2 弛豫时间及峰面积

含水率/%	T2 弛豫					T2 峰				
	时间 1	时间 2	时间 3	时间 4	时间 5	面积 1	面积 2	面积 3	面积 4	面积 5
179.01	0.5		82	106	470	470		2787	8669	10417
124.09	0.2	4.7	65		330	133	864	4417		4046
84.14	0.1	3.5	19	65	270	47	283	635	1617	2141
76.18	0.5		44			315		3632		
59.47	0.5	6	48			86	235	2512		
49.88	0.2		43			240		1893		
32.24	0.1	3.1	58			19	154	1417		
24.26	0.2					564				
16.00	0.2					57				
7.81	0.17					1020				

表 3-6　北京杨的心边交界材在温度 90℃，湿度 50%条件下干燥过程的 T2 弛豫时间及峰面积

含水率/%	T2 弛豫					T2 峰				
	时间 1	时间 2	时间 3	时间 4	时间 5	面积 1	面积 2	面积 3	面积 4	面积 5
167.93		2.7	20	104	450		1055	2179	8589	8518
129.44	0.2	4.3		52	270	72	855		3237	3567
95.13	0.09	3	11	54	260	54	258	500	2012	2455
73.60	0.1	4		43		41	275		2896	
61.53	0.12	4.4		38		64	209		2511	

（续）

含水率/%	T2 弛豫					T2 峰				
	时间 1	时间 2	时间 3	时间 4	时间 5	面积 1	面积 2	面积 3	面积 4	面积 5
41.50	0.16	3.4		50		245	206		1520	
28.65	0.5	4.1		57		139	100		1221	
18.56	0.17					50				
7.2	0.18					999				

北京杨各峰消失时的含水率见表 3-7。

表 3-7 不同温度下北京杨各峰消失时的含水率

温度/℃	100 ms 以上时含水率/%	10~100 ms 时含水率/%	10 ms 以下时含水率/%
50	72.72	28.19	28.19
70	84.14	24.26	32.24
90	95.13	28.65	28.65

从表 3-7 可以看出，对于北京杨，随着温度的升高，100 ms 以上的峰消失时的含水率越高，90℃时 100 ms 以上峰消失时的含水率可以达到 95.13%。100 ms 以上的水应该是木材粗大空隙中的水，如导管中的水，这部分水以液态水的形式存在，在外力的作用下自由蒸发，所以温度越高，它蒸发越快，而且 100 ms 以上时水蒸发完毕正好是木材细胞发生皱缩骤增的时刻。也就是说木材中的微小空隙开始蒸发水分的时候就会出现皱缩，木材纹孔中的水分蒸发，就会产生表面张力，这个张力大于木材细胞横纹抗压强度木材就压溃，这是符合已有学说的木材皱缩机理的。粗大细胞腔中的水分蒸发完毕后，微小空隙中的自由水开始蒸发，这部分水基本在纤维饱和点处蒸发殆尽，甚至在纤维饱和点以下也存在小孔中的自由水。对于结合水中的毛细管结合水，大部分在含水率为纤维饱和点处也已经蒸发完毕。在木材发生皱缩时的自由水率可以通过峰面积计算出来，见表 3-8。

表 3-8 北京杨不同温度发生皱缩时大孔细胞腔内的自由水率

位置	50℃时自由水率/%	70℃时自由水率/%	90℃时自由水率/%
心材	45.92	47.27	45.32
心边交界材	38.90	38.14	44.23
边材	27.28	22.48	26.88

对于北京杨来说，在发生皱缩的时候，大孔细胞腔内的自由水率呈现一定的规律性，心材的最大，心边交界材次之，边材最小。如果在温度 90℃进行干燥，心材的自由水含水率达到 45.32%就开始皱缩，心边交界材达到 44.23%开始皱缩，而边材在 26.88%时发生皱缩。

新疆杨的心边交界材在湿度 50%，温度 50℃、70℃和 90℃的条件下进行干燥，得出的 T2 分布图如图 3-7 所示。弛豫时间和峰面积见表 3-9~表 3-11。

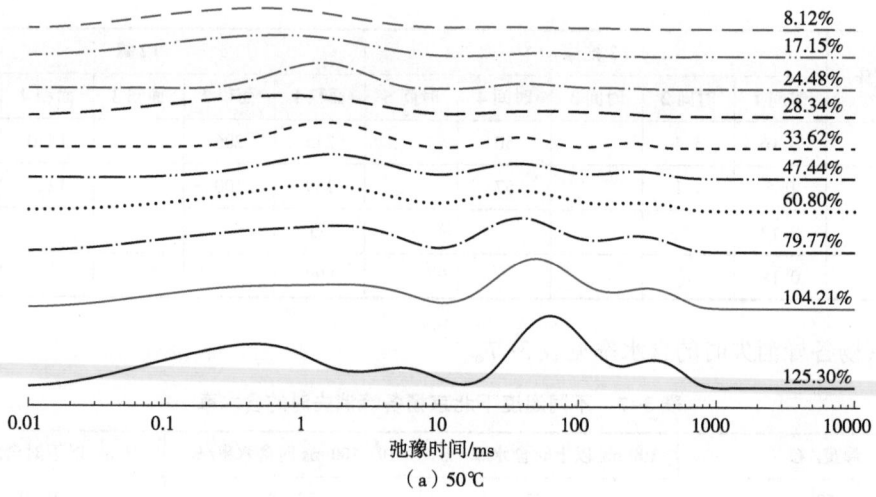

（a）50℃

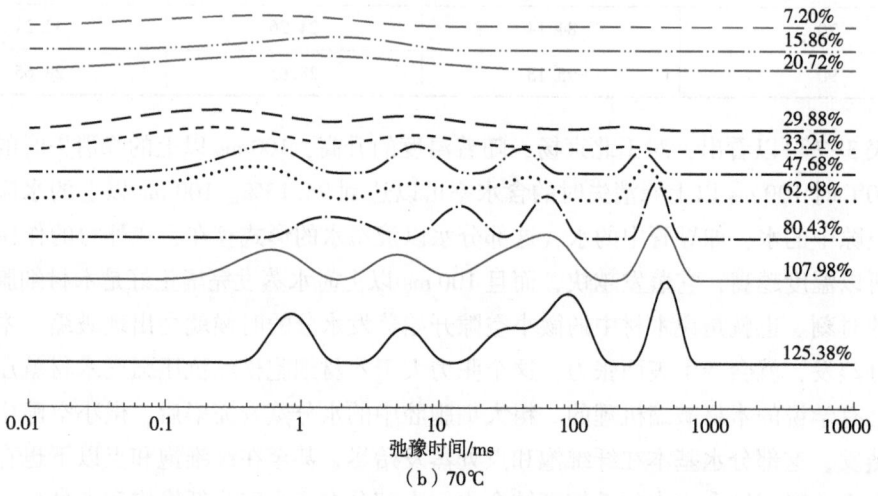

（b）70℃

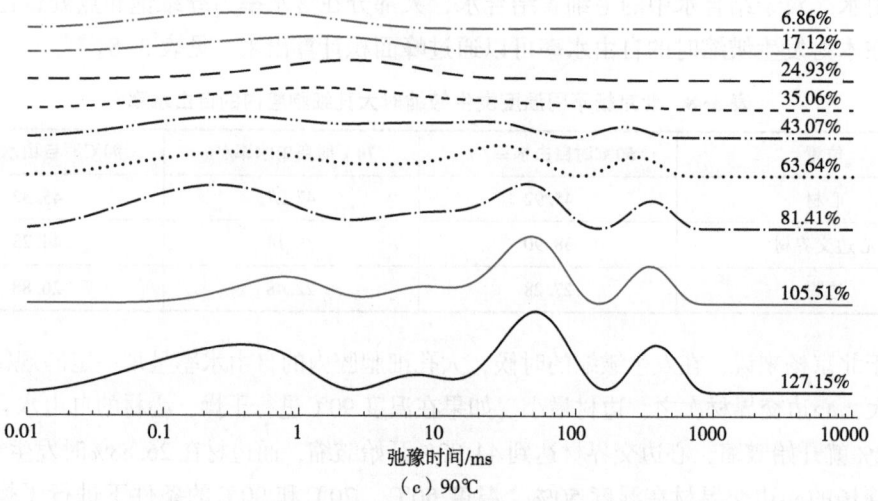

（c）90℃

图 3-7　新疆杨在湿度 50%条件下干燥过程的 T2 分布

表 3-9　新疆杨的心边交界材在温度 50℃，湿度 50%条件下干燥过程的 T2 弛豫时间及峰面积

含水率/%	T2 弛豫					T2 峰				
	时间 1	时间 2	时间 3	时间 4	时间 5	面积 1	面积 2	面积 3	面积 4	面积 5
125.30	0.2	4.8	55	323		166	829	5126	5256	
104.21	0.2		41	290		628		3436	4122	
79.77	0.2		33	238		387		1951	3388	
60.80	0.3		30	260		269		1316	2253	
47.44	0.8		30	230		207		829	1858	
33.62	1		34	210		125		404	1439	
28.34	0.21		44			106		1665		
24.48	1		44			65		1361		
17.15	0.17		29			46		1125		
8.12	0.3					1054				

从图 3-7 和表 3-9 看出，新疆杨在温度 50℃，湿度 50%下干燥时，木材中初始水分的弛豫时间分为 4 个峰，大孔内的结合水在含水率为 33.62%处消失，此时转化成了孔径较小的大毛细管内，孔径较小的小毛细管内的在含水率为 17.15%处消失，转化成了结合水。

表 3-10　新疆杨的心边交界材在温度 70℃，湿度 50%条件下干燥过程的 T2 弛豫时间及峰面积

含水率/%	T2 弛豫					T2 峰				
	时间 1	时间 2	时间 3	时间 4	时间 5	面积 1	面积 2	面积 3	面积 4	面积 5
125.38	0.8	6.0	26	70	420	179	729	1564	4609	9358
107.98	0.5	4.8		39	370	70	537		3951	6899
80.43	1.5	13.0		55	360	225	746		1444	5301
62.98	0.2	6.0		34	300	75	401		1070	3550
47.68	0.0	6.3		37	280	31	279		532	2685
33.21	0.1	6.0			190	23	455			1432
29.88	0.1					20				
20.72	0.3					1177				
15.86	0.6					1017				
7.20	0.4					1013				

从图 3-7 和表 3-10 看出，新疆杨在温度 70℃，湿度 50%下干燥，按弛豫时间分为 4 个峰，100 ms 以上的峰，即大孔内的自由水在含水率为 29.88%时消失，孔径较小的大毛细管内的水在 47.68%处进行转化，微毛细管里的水也在 29.88%处消失。

表 3-11　新疆杨的心边交界材在温度 90℃，湿度 50%条件下干燥过程的 T2 弛豫时间及峰面积

含水率/%	T2 弛豫					T2 峰				
	时间 1	时间 2	时间 3	时间 4	时间 5	面积 1	面积 2	面积 3	面积 4	面积 5
127.15	0.1	6	40	360		149	662	4182	6622	
105.51	0.5	6	36	330		177	473	2935	4710	
81.41	0.1	14		330		94	2371		3743	
63.64	0.2	14.1		255		101	1233		2679	
43.07	0.1	7.7		210		47	592		1705	
35.06	1.3	20		190		138	312		1467	
24.93	0.8					1195				
17.12	0.3					1040				
6.86	0.2					1036				

从图 3-7 和表 3-11 可以看出，大孔里的水在含水率为 35.06%处消失。不同温度下各峰消失时的含水率见表 3-12。

表 3-12　不同温度下新疆杨各峰消失时的含水率

温度/℃	100 ms 以上时含水率/%	10~100 ms 时含水率/%	10 ms 以下时含水率/%
50	33.62	33.62	17.15
70	33.21	47.68	33.21
90	35.06	105.51	35.06

从表 3-12 可以看出，对于新疆杨，100 ms 以上的峰消失时的含水率与温度关系不大，主要是由于新疆杨中的侵填体较多，严重阻塞木材中的水分的传输。通过计算得出自由水率见表 3-13。

表 3-13　新疆杨不同温度发生皱缩时大孔细胞腔内的自由水率

位置	50℃时自由水率/%	70℃时自由水率/%	90℃时自由水率/%
心材	35.95	32.79	34.00
心边交界材	22.21	21.03	26.96
边材	28.53	28.13	28.23

新疆杨在发生皱缩时的大孔细胞腔内的自由水率的规律为，心材的最大，边材次之，

心边交界材最小。

新疆杨和北京杨在构造上有所不同，导致其在水分传导上有很大差别。北京杨在 100 ms 以上的峰消失时的含水率较新疆杨要高，北京杨在含水率为 80% 左右时 100 ms 以上的峰消失，而新疆杨基本在接近纤维饱和点处消失。100 ms 以上的这个峰的消失时刻正好木材皱缩，对于北京杨这一含水率与温度成正比关系，但新疆杨与温度无关。

3.2.2.3 不同湿度条件下水分状态与体积收缩率的关系

北京杨的心边交界材在温度 70℃，湿度 30%、40% 和 50% 的条件下进行干燥，其 T2 分布如图 3-8 所示。建立弛豫时间和峰面积的关系见表 3-14、表 3-15 和表 3-5。

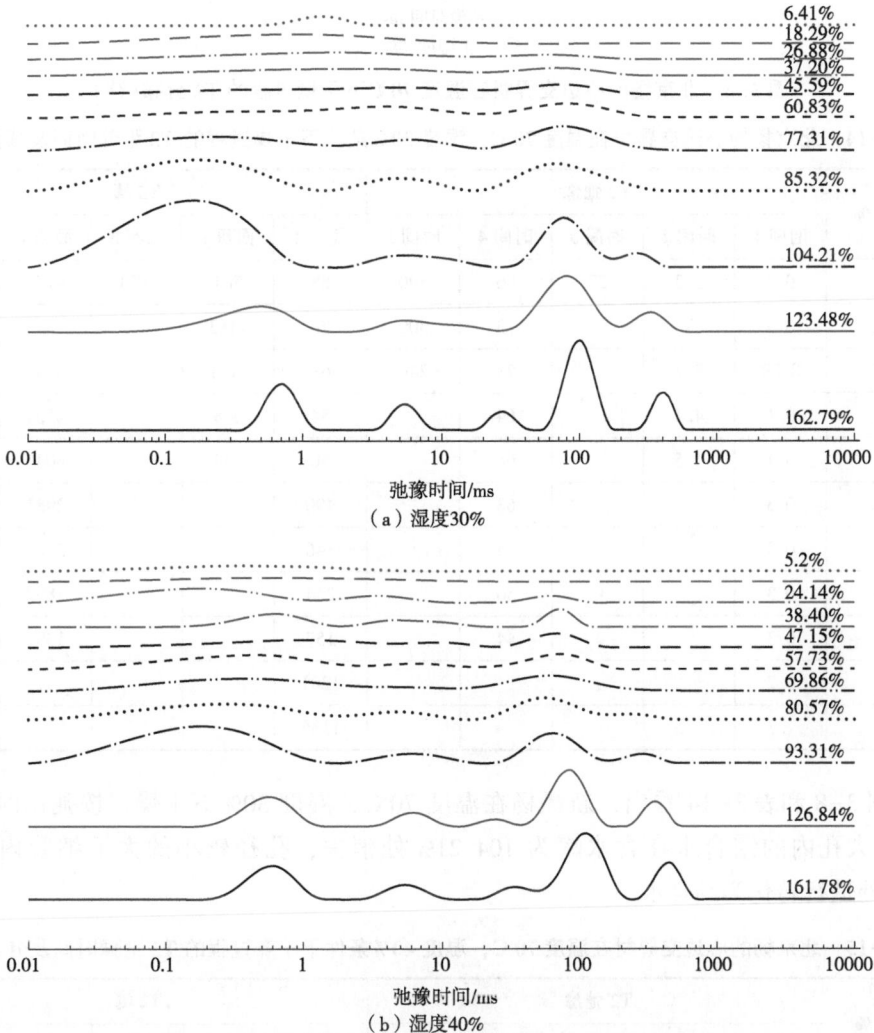

（a）湿度30%

（b）湿度40%

图 3-8 北京杨的心边交界材在温度 70℃下干燥过程的 T2 分布

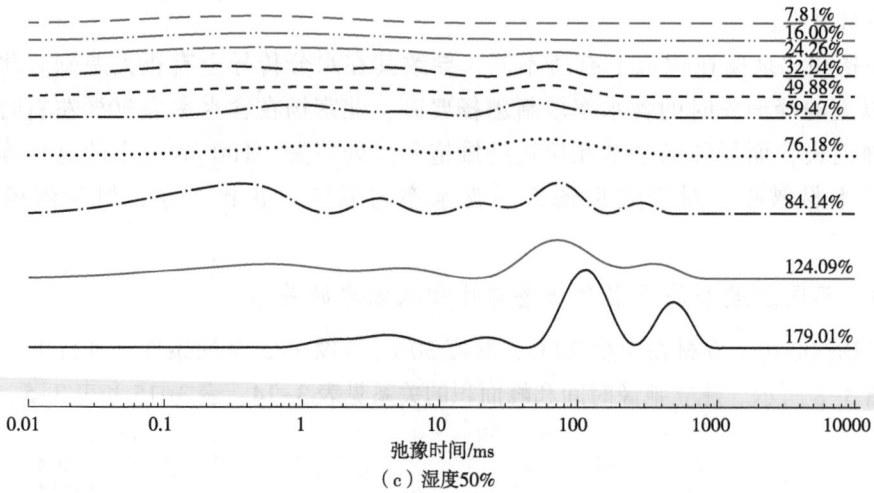

图 3-8　北京杨的心边交界材在温度 70℃下干燥过程的 T2 分布（续）

表 3-14　北京杨的心边交界材在温度 70℃，湿度 30%条件下干燥过程的 T2 弛豫时间及峰面积

含水率/%	T2 弛豫					T2 峰				
	时间 1	时间 2	时间 3	时间 4	时间 5	面积 1	面积 2	面积 3	面积 4	面积 5
162.79	0.7	5.3	27	96	390	88	584	2081	4172	6206
123.48	0.3	7		73	300	78	1483		4349	3800
104.21	0.09	5.7		73	240	68	1131		3144	2821
85.32	0.1	4.4		64		54	648		4501	
77.31	0.1	4.5		68		50	634		4040	
60.83	0.3			63		490			2981	
45.59	0.3			54		346			2207	
37.20	0.3			50		244			1892	
26.88	0.3			44		157			1497	
18.29	0.2					1201				
6.41	1.3					1135				

从图 3-8 和表 3-14 看出，新疆杨在温度 70℃，湿度 30%下干燥，按弛豫时间分为 5 个峰，大孔内的结合水在含水率为 104.21%处消失，孔径较小的大毛细管内的水在 26.88%处进行转化为结合水。

表 3-15　北京杨的心边交界材在温度 70℃，湿度 40%条件下干燥过程的 T2 弛豫时间及峰面积

含水率/%	T2 弛豫					T2 峰				
	时间 1	时间 2	时间 3	时间 4	时间 5	面积 1	面积 2	面积 3	面积 4	面积 5
161.78	0.5	5	30	99	420	96	874	2353	6238	7417
126.84	0.5	6	20	78	340	71	683	1102	3255	4566

（续）

含水率/%	T2 弛豫					T2 峰				
	时间 1	时间 2	时间 3	时间 4	时间 5	面积 1	面积 2	面积 3	面积 4	面积 5
93.31	0.09	5	59		260	51	678	2174		2549
80.57	0.1	4.1	58			44	444	3815		
69.86	0.2		48			357		3221		
57.73	0.2	5.6	55			60	323	2312		
47.15	0.2	9	61			106	262	1864		
38.40	0.5	5	69			40	223	1717		
24.14	0.1	2.9	58			14	78	1385		
10.64	0.2					1101				
5.2	0.16					1093				

从图 3-8 和表 3-15 看出，新疆杨在温度 70℃，湿度 40% 下干燥，按弛豫时间分为 5 个峰，大孔内的结合水在含水率为 93.31% 处消失，孔径较小的毛细管内的水在 24.14% 处进行转化为结合水。最右边的峰逐渐左移，小孔里的水的所在峰没有进行移动。

不同湿度下北京杨各峰消失时的含水率见表 3-16。从表 3-16 可以看出，对于北京杨，湿度越低，100 ms 以上峰消失时的含水率越高。湿度对于自由水排除有非常重要的作用，湿度越低，干燥速度越快，大孔细胞中的水分越容易先排除去，10 ms 以下的水的峰的消失情况也随湿度减小含水率增加。

表 3-16　不同湿度下北京杨各峰消失时的含水率

湿度/%	100 ms 以上时含水率/%	10~100 ms 时含水率/%	10 ms 以下时含水率/%
30	104.21	26.88	77.31
40	93.31	24.14	24.14
50	84.14	16.00	32.24

从表 3-17 中可以看出，北京杨在不同湿度下，发生皱缩时的自由水率有一定的规律，心材的含自由水率最大，心边交界材次之，边材最小。随着湿度的增大，这一自由水率减小。说明这一自由水率与构造有关，木材中心材由于侵填体的存在影响水分传导，使水分难以散失，而边材侵填体较少，水分传导容易。而且湿度越低，大孔中水分消失时的自由水率越高。

表 3-17　北京杨不同湿度发生皱缩时大孔细胞腔内的自由水率

位置	湿度 30% 时自由水率/%	湿度 40% 时自由水率/%	湿度 50% 时自由水率/%
心材	47.27	45.89	40.09
心边交界材	43.62	41.03	38.14
边材	33.82	31.48	29.14

新疆杨的心边交界材在温度70℃，湿度30%、40%和50%条件下进行干燥，其T2分布如图3-9所示。建立弛豫时间和峰面积的关系见表3-18、表3-19和表3-10。

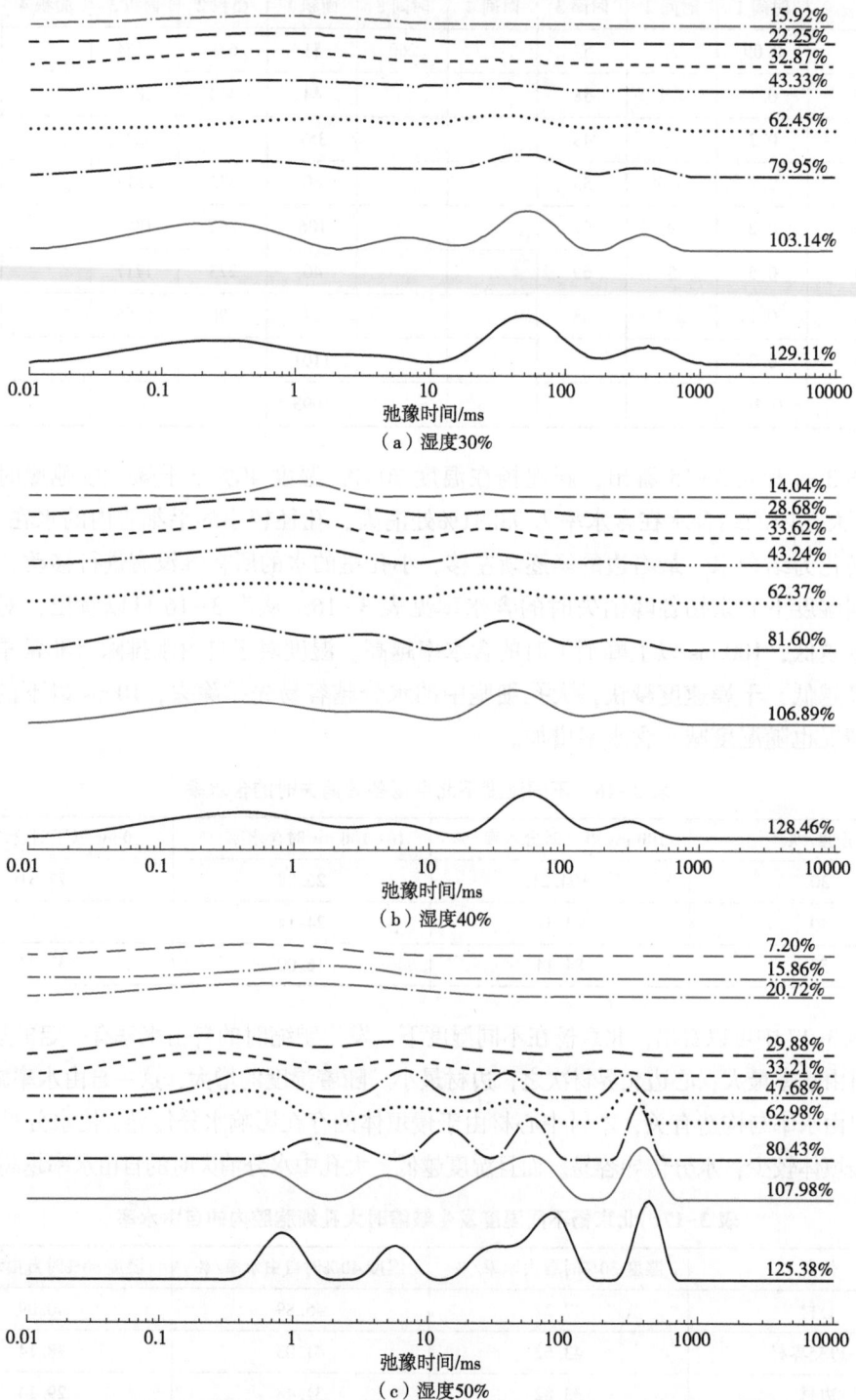

图3-9 新疆杨的心边交界材在温度70℃条件下的干燥过程的T2分布

从图 3-9 和表 3-18 看出新疆杨在温度 70℃，湿度 30％下按弛豫时间分为 4 个峰，大孔内的结合水在含水率为 62.45％处消失，孔径较小的大毛细管内的水在 78.75％处进行转化为结合水。

表 3-18　新疆杨的心边交界材在温度 70℃，湿度 30％条件下干燥过程的 T2 弛豫时间及峰面积

含水率/%	T2 弛豫					T2 峰				
	时间 1	时间 2	时间 3	时间 4	时间 5	面积 1	面积 2	面积 3	面积 4	面积 5
129.11	0.1	5	46	380		164	742	5121	6879	
103.14	0.1	6	45	380		122	689	2987	4480	
79.95	0.1	4.4	46	340		51	561	1990	3089	
62.45	0.4	24		270		207	1354		2356	
32.87	0.2	33				135	1832			
22.25	0.2					1475				
15.92	0.2					1178				

从图 3-9 和表 3-19 看出新疆杨在温度 70℃，湿度 40％下干燥，初始条件下按弛豫时间分为 4 个峰，大孔内的结合水在含水率为 43.24％处消失，孔径较小的大毛细管内的水在 28.68％处进行转化为结合水。

表 3-19　新疆杨的心边交界材在温度 70℃，湿度 40％条件下干燥过程的 T2 弛豫时间及峰面积

含水率/%	T2 弛豫					T2 峰				
	时间 1	时间 2	时间 3	时间 4	时间 5	面积 1	面积 2	面积 3	面积 4	面积 5
128.46	0.1	4.8	49	280		145	789	3500	3816	
106.89	0.1	4.2	37	250		127	471	2668	3765	
62.37	0.2		21	207		185		1217	2405	
43.24	0.2		24	200		130		650	1584	
33.62	0.2		29			114		2064		
28.68	0.2		37			94		1456		
14.04	0.9					20				

不同湿度下新疆杨各峰消失时的含水率见表 3-20。

表 3-20　不同湿度下新疆杨各峰消失时的含水率

湿度/%	100 ms 以上时含水率/%	10~100 ms 时含水率/%	1~10 ms 以下时含水率/%
30	62.45	78.75	32.87
40	43.24	106.90	28.68
50	29.88	47.68	29.88

从表 3-20 看出 100 ms 以上的峰消失时的含水率与湿度成反比关系，其他几个峰消失的时间与湿度无关。计算出来大孔细胞的自由水率见表 3-21。

表 3-21　新疆杨不同湿度发生皱缩时大孔细胞腔内的自由水率

位置	湿度30%时自由水率/%	湿度40%时自由水率/%	湿度50%时自由水率/%
心材	30.31	26.16	22.79
心边交界材	30.57	28.97	21.03
边材	36.77	35.96	28.13

从表 3-21 可以看出，新疆杨在不同湿度条件下大孔径细胞腔内消失时，此时木材的自由水率与湿度成反比关系。

北京杨和新疆杨大孔细胞腔中的含自由水率见表 3-22。

表 3-22　北京杨和新疆杨发生皱缩时大孔细胞腔内的自由水率　　　　单位:%

树种	位置	温度70℃，湿度30%时	温度70℃，湿度40%时	温度70℃，湿度50%时	温度50℃，湿度50%时	温度90℃，湿度50%时	平均值
北京杨	心材	45.89	40.09	47.27	45.92	41.32	44.10
	心边交界材	41.03	43.62	38.14	38.90	44.23	41.18
	边材	33.82	29.14	31.48	27.28	26.88	29.72
新疆杨	心材	30.31	26.16	22.79	35.95	34.00	29.84
	心边交界材	30.57	28.97	21.03	22.21	26.96	25.95
	边材	36.77	35.96	28.13	28.53	28.23	31.52

从表 3-22 可以看出，北京杨发生皱缩时大孔细胞腔内的自由水率大于新疆杨，北京杨的自由水率为 38.33%，新疆杨的自由水率为 29.10%。且北京杨的心材大于心边交界材，边材最小，新疆杨的心边交界材最小，边材最大。

3.3　本章小结

通过对北京杨和新疆杨的干燥过程的皱缩和干燥过程中水分状态的研究可得出以下结论：

(1)北京杨和新疆杨的体积收缩率随含水率的变化形成四段式曲线，存在体积收缩率骤增的两个点，分别为皱缩点和干缩点。

(2)北京杨和新疆杨在不同的温度和湿度条件下出现皱缩时的含水率不同，总体呈现温度越高，湿度越低，在高含水率条件下就会产生皱缩。

(3)人工林杨木粗大孔隙中的水分消失或转化的时候，木材发生皱缩，木材中的自由水消失殆尽或转化时，木材发生干缩。

(4)北京杨发生皱缩时大孔细胞腔内的含自由水率大于新疆杨，北京杨含自由水率为 38.33%，新疆杨含自由水率为 29.10%。

4 人工林杨木皱缩的破坏

4.1 试验材料和方法

4.1.1 试验材料

本试验以北京杨(*Populus beijingensis* W. Y. Hsu)和新疆杨(*Populus alba* var. *pyramidalis*)两种杨木为试验材料,胸径为 30~34 cm,采自内蒙古自治区呼和浩特市土默特左旗毕克齐镇。将北京杨和新疆杨原木锯解成 20mm 厚的弦切板后,截取规格为 20 mm(径向)× 20 mm(弦向)×120 mm(轴向)的试件。

4.1.2 试验设备

低温冷冻冰柜:型号 FYL-YS-128L,温度范围为 -30~10℃,温度可调可控,控温精度为 +0.5℃,北京福意联电器有限公司。

微波干燥箱:型号 RWBS-08S,微波功率范围 0~800 W(连续可调),微波频率为 2450 MHz,南京苏恩瑞试验仪器有限公司。

电热鼓风干燥箱:型号 DHG-9245A,控温范围为室温(RT)+10~300℃,恒温波动度为 ±1.0℃,上海一恒科学仪器有限公司。

4.1.3 试验方法

4.1.3.1 预冻处理

分别取北京杨和新疆杨的心材、心边交界材、边材,利用扫描仪扫描试样端面后,放入低温冷冻冰柜中预冻,预冻时间为 48 h、72 h、96 h,预冻温度为 -10℃、-20℃、-30℃,试验设计见表 4-1。将预冻处理好的试样放入 100℃ 的电热鼓风干燥箱中烘至绝干，再次用扫描仪扫描绝干试样的端面。端面面积利用 Structure 5.0 软件进行测量，由于纵向干缩量小，忽略其对体积收缩率的影响。体积收缩率利用式(2-4)计算。每组试验条件重复 3 次。

表 4-1　预冻处理试验设计

因素	水平		
预冻温度/℃	−10	−20	−30
预冻时间/h	48	72	96

4.1.3.2　微波处理

试样锯解与试验方法同 4.1.3.1，试验设计见表 4-2。

表 4-2　微波处理试验设计

因素	水平		
微波功率/W	1600	2000	2400
微波时间/min	0.5	1	1.5

4.2　结果与讨论

4.2.1　预冻处理对人工林杨木体积收缩率的影响

4.2.1.1　预冻温度对人工林杨木体积收缩率的影响

当预冻时间为 48 h 时，不同温度条件下北京杨和新疆杨的体积收缩率见表 4-3 和表 4-4。

表 4-3　北京杨的预冻温度与体积收缩率的关系

温度/℃	位置	平均值/%	标准差/%	变异系数/%
空白试样	心材	12.65	0.17	1.34
	心边交界材	12.99	0.12	0.92
	边材	11.27	0.34	3.02
−10	心材	12.07	0.47	3.89
	心边交界材	12.30	0.32	2.79
	边材	10.85	0.26	2.40

(续)

温度/℃	位置	平均值/%	标准差/%	变异系数/%
-20	心材	9.49	0.36	3.79
	心边交界材	12.11	0.12	0.99
	边材	10.02	0.52	5.19
-30	心材	7.75	1.66	21.42
	心边交界材	9.46	1.04	10.99
	边材	8.92	0.69	7.74

表4-4 新疆杨的预冻温度与体积收缩率的关系

温度/℃	位置	平均值/%	标准差/%	变异系数/%
空白试样	心材	11.92	0.08	0.67
	心边交界材	12.47	0.38	3.05
	边材	13.01	0.12	0.92
-10	心材	11.64	1.12	9.62
	心边交界材	12.29	0.45	3.66
	边材	12.87	0.31	2.41
-20	心材	9.84	1.45	14.74
	心边交界材	12.06	0.06	0.49
	边材	12.76	0.30	2.35
-30	心材	8.08	1.52	18.81
	心边交界材	9.69	0.42	4.33
	边材	9.39	0.22	2.34

从表4-3和表4-4可以看出，预冻处理对于北京杨的体积收缩率有明显的减小作用。当预冻时间为48 h，预冻温度为-30℃时，两种杨木的体积收缩率较素材的体积收缩率明显减小，北京杨的心材、心边交界材和边材的体积收缩率分别为7.75%、9.46%和8.92%，而素材(即空白试样)的分别为12.65%、12.99%和11.27%；新疆杨的心材、心边交界材和边材的体积收缩率分别为8.08%、9.69%和9.39%，而素材的分别为11.92%、12.47%和13.01%。木材在预冻处理的条件下皱缩减小的原因在于预冻过程中水变成冰，体积膨胀，使得木材的细胞壁上纹孔膜破裂，导致水分通道增加，所以皱缩减小。另外，融冰过程水分张力会得到释放，随着预冻温度的降低，自由水在预冻过程中由液态水变为固态水(冰)，发生了相的变化，吸附水的势能有的已经低于冰的势能，该部分水不结冰而

是变成超冷水，水的蒸发张力减小，因此减小了皱缩。在预冻过程中，冰促使木材中抽出物迁移，细胞壁强度增强。

对不同温度下体积收缩率的降低率进行计算得到表 4-5。

由表 4-5 和图 4-1 可知，在预冻温度-30℃时，北京杨和新疆杨的体积收缩率的降低率最大，均值分别为 28.92% 和 27.44%，北京杨的体积收缩率的降低率较新疆杨的要大，即北京杨预冻处理后的效果要好于新疆杨。这主要是由于引起新疆杨皱缩的主要原因之一是侵填体，侵填体在预冻过程中不能被破坏。

表 4-5 不同预冻温度下两种杨木的体积收缩率的降低率   单位:%

树种	-10℃			-20℃			-30℃		
	心材	心边交界材	边材	心材	心边交界材	边材	心材	心边交界材	边材
北京杨	4.58	5.31	3.73	24.98	6.77	11.09	38.74	27.17	20.85
新疆杨	2.34	1.44	1.08	17.44	3.28	1.92	32.21	22.29	27.82

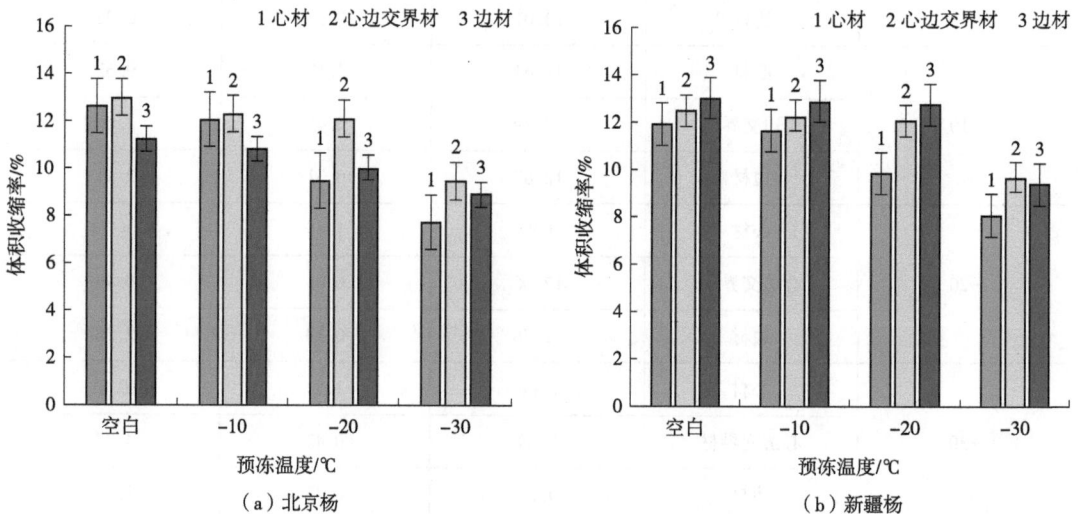

图 4-1 北京杨和新疆杨的预冻温度与体积收缩率关系

北京杨和新疆杨不同位置上的预冻效果不同，在-30℃时，北京杨的心材的体积收缩率的降低率较大，心边交界材的次之，边材最小。新疆杨的心材的体积收缩率的降低率最大，其次为边材，心边交界材的最差。无论是北京杨还是新疆杨，不同预冻温度对于体积收缩率的降低率的影响不同，心材的体积收缩率的降低率随预冻温度的降低而逐渐增大，但心边交界材和边材的体积收缩率的降低率在预冻温度为-30℃时才明显增大。

4.2.1.2 预冻时间对人工林杨木体积收缩率的影响

在预冻温度为-10℃下，北京杨和新疆杨的体积收缩率与预冻时间的关系见表 4-6 和表 4-7。

表 4-6 北京杨的预冻时间与体积收缩率关系

时间/h	位置	平均值/%	标准差/%	变异系数/%
空白试样	心材	12.65	0.17	1.34
	心边交界材	12.99	0.12	0.92
	边材	11.27	0.34	3.02
48	心材	12.07	1.66	13.75
	心边交界材	11.49	1.56	13.58
	边材	10.85	0.69	6.36
72	心材	11.26	1.18	10.48
	心边交界材	11.15	1.02	9.15
	边材	10.22	0.88	8.61
96	心材	10.79	0.33	3.06
	心边交界材	11.02	0.95	8.62
	边材	9.56	1.08	11.30

表 4-7 新疆杨的预冻时间与体积收缩率关系

时间/h	位置	平均值/%	标准差/%	变异系数/%
空白试样	心材	11.92	0.08	0.67
	心边交界材	12.47	0.38	3.05
	边材	13.01	0.12	0.92
48	心材	11.64	1.12	9.62
	心边交界材	12.29	0.45	3.66
	边材	12.87	0.31	2.41
72	心材	11.42	0.66	5.78
	心边交界材	11.46	0.96	8.38
	边材	11.06	0.64	5.79
96	心材	10.99	0.42	3.82
	心边交界材	11.28	0.71	6.29
	边材	10.94	0.41	3.75

通过表4-6和表4-7可以看出，当预冻温度一定时，改变其预冻时间后，北京杨和新疆杨的体积收缩率有明显的改变。北京杨和新疆杨的体积收缩率都随着预冻时间的延长逐渐减小。主要原因在于自由水随预冻时间的延长，相变过程发生变化。在预冻过程中，木材细胞中的自由水由液态水变为固态水(冰)，细胞的内部构造发生了很大的变化，自由水原来占据的空间将被扩大，同时细胞壁受到挤压，严重时细胞壁结构会发生变化。随着预冻时间的延长，细胞壁的挤压会越来越严重，从而导致木材的纹孔膜破裂，甚至是细胞壁出现裂缝，所以水分通道增多，使得皱缩减小，体积收缩率减小。从表4-8和图4-2看出，在预冻时间为96 h时，北京杨和新疆杨不同部位的体积收缩率的降低率不同，边材最大，心边交界材次之，心材最小。

表4-8　不同预冻时间下两种杨木的体积收缩率的降低率　　　　单位:%

树种	48 h			72 h			96 h		
	心材	心边交界材	边材	心材	心边交界材	边材	心材	心边交界材	边材
北京杨	4.58	11.54	3.73	10.98	14.16	9.32	14.70	15.17	15.77
新疆杨	2.35	1.44	1.07	4.19	8.10	14.99	7.80	9.54	15.91

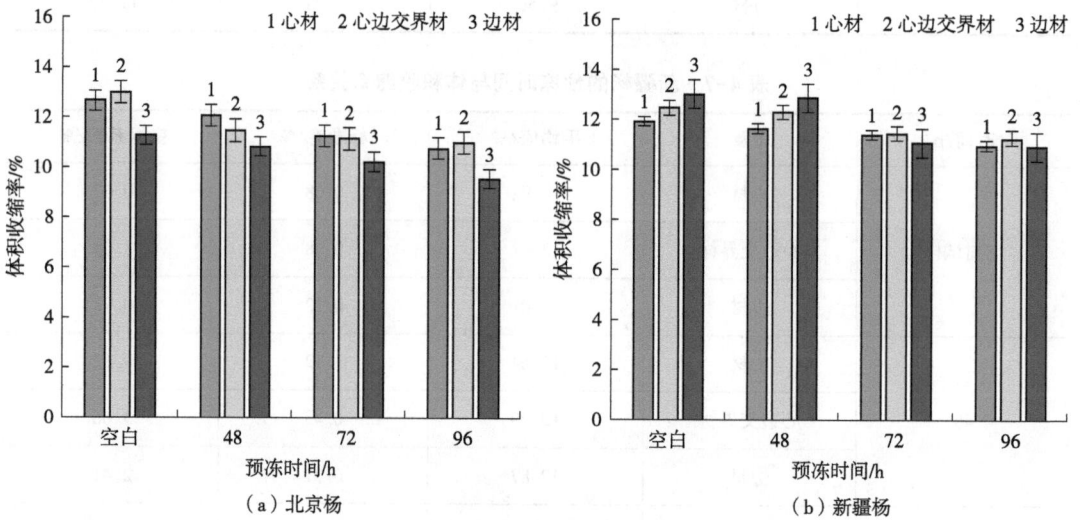

图4-2　北京杨和新疆杨的预冻时间与体积收缩率关系

4.2.2　微波处理对人工林杨木体积收缩率的影响

4.2.2.1　微波功率对人工林杨木体积收缩率的影响

在微波时间为1.5 min，不同微波功率作用下，北京杨和新疆杨的体积收缩率见表4-9和表4-10。

表 4-9　北京杨的微波功率与体积收缩率关系

微波功率/W	位置	平均值/%	标准差/%	变异系数/%
空白试样	心材	12.65	0.17	1.34
	心边交界材	12.99	0.12	0.92
	边材	11.27	0.34	3.02
1600	心材	11.03	0.47	4.26
	心边交界材	10.46	0.32	3.06
	边材	10.5	0.26	2.48
2000	心材	10.61	0.85	8.01
	心边交界材	10.1	0.92	9.11
	边材	10.06	0.84	8.35
2400	心材	9.92	0.38	3.83
	心边交界材	9.53	0.76	7.97
	边材	9.44	0.67	7.10

表 4-10　新疆杨的微波功率与体积收缩率关系

微波功率/W	位置	平均值/%	标准差/%	变异系数/%
空白试样	心材	11.92	0.08	0.67
	心边交界材	12.47	0.38	3.05
	边材	13.01	0.12	0.92
1600	心材	10.87	0.04	0.37
	心边交界材	10.48	1.04	9.92
	边材	11.96	1.23	10.28
2000	心材	9.98	1.24	12.42
	心边交界材	10.1	0.8	7.92
	边材	11.63	1.25	10.75
2400	心材	9.36	0.58	6.20
	心边交界材	8.96	0.53	5.92
	边材	10.11	1.06	10.48

由图 4-3 可知，北京杨和新疆杨的心材、心边交界材、边材的体积收缩率随着微波功率的增加而减小，其中北京杨的心边交界材的体积收缩率的减小值较大，心材的次之，边材最小。新疆杨的心边交界材的体积收缩率的减小值最大，其次为边材，心材的最差。2400 W 时，两种杨木的体积收缩率降低率最大。

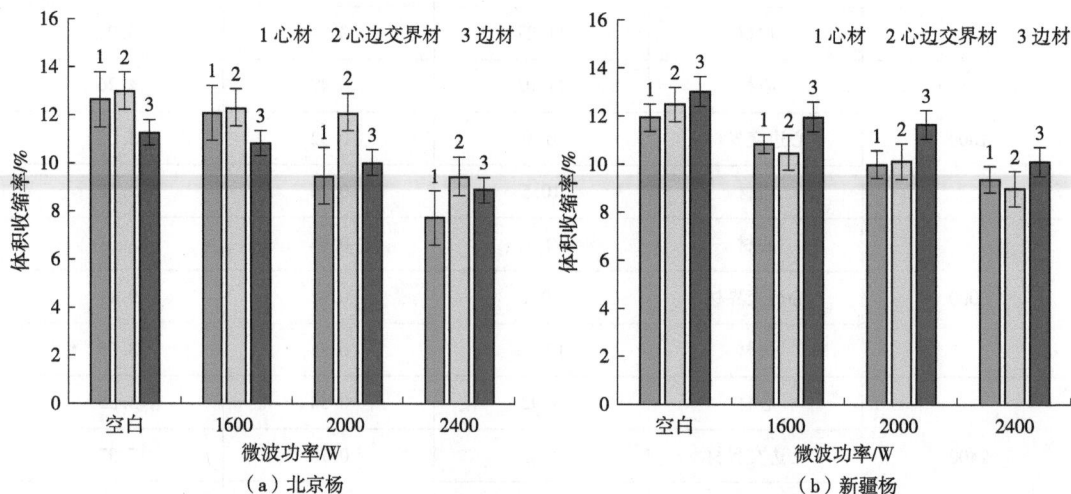

图 4-3　北京杨和新疆杨的微波功率与体积收缩率的关系

不同微波功率下两种杨木的体积收缩率的降低率见表 4-11，通过表 4-11 可以看出，当微波时间一定时，改变其微波功率，北京杨和新疆杨分别在不同功率下产生了不同的皱缩变化。总体来看，新疆杨微波处理以后的效果较北京杨要好。北京杨和新疆杨体积收缩率随着微波功率的增加而减小。在微波功率为 2400 W 时，北京杨和新疆杨的心边交界材的体积收缩率较其他位置的减小率最大。微波功率越大，皱缩减小程度越大。主要原因是当木材进行微波处理时，使得木材从内部加热，木材内部迅速升温，瞬间产生较高的蒸汽压力，这些蒸汽压力冲破了部分射线薄壁细胞和厚壁细胞的纹孔，从而开启了细胞液体流动通道，提高了木材的渗透性。木材的渗透性增加使得木材的皱缩减小，体积收缩率减小。微波频率越高，木材内部产生的蒸汽压力越大，所以越能改善木材的渗透性而达到减小木材体积收缩率的效果。

表 4-11　不同微波功率下两种杨木的体积收缩率的降低率　　　　单位：%

树种	1600 W			2000 W			2400 W		
	心材	心边交界材	边材	心材	心边交界材	边材	心材	心边交界材	边材
北京杨	12.81	19.48	6.83	16.13	22.25	10.73	21.58	26.63	16.24
新疆杨	8.81	15.96	8.07	16.28	19.01	10.61	21.48	28.18	22.29

4.2.2.2　微波时间对人工林杨木体积收缩率的影响

当微波功率为 2000 W 时，北京杨和新疆杨的不同微波时间与体积收缩率之间的关系见表 4-12 和表 4-13。

表 4-12　北京杨的微波时间与体积收缩率关系

时间/min	位置	平均值/%	标准差/%	变异系数/%
空白试样	心材	12.65	0.85	6.72
	心边交界材	12.99	0.92	7.08
	边材	11.27	0.84	7.45
0.5	心材	11.90	0.43	3.61
	心边交界材	10.66	1.03	9.66
	边材	10.60	1.54	14.53
1	心材	11.62	1.46	12.56
	心边交界材	10.21	0.77	7.54
	边材	10.37	0.47	4.53
1.5	心材	10.61	0.85	8.01
	心边交界材	10.1	0.92	9.11
	边材	10.06	0.84	8.35

表 4-13　新疆杨的微波时间与体积收缩率关系

时间/min	位置	平均值/%	标准差/%	变异系数/%
空白试样	心材	11.92	0.08	0.67
	心边交界材	12.47	0.38	3.05
	边材	13.01	0.12	0.92
0.5	心材	11.06	0.75	6.97
	心边交界材	11.86	1.1	10.13
	边材	12.84	0.87	7.05
1	心材	10.98	1.24	12.42
	心边交界材	11.1	0.8	7.92
	边材	12.63	1.25	10.75
1.5	心材	9.98	1.24	12.42
	心边交界材	10.1	0.8	7.92
	边材	11.63	1.25	10.75

通过表4-14可以看出，当微波时间一定时，改变其微波时间，北京杨和新疆杨分别在不同微波下产生了不同的皱缩变化。总体而言，新疆杨微波处理以后的效果较北京杨好。

由图4-4和表4-14可知，北京杨和新疆杨的心材、心边交界材、边材的体积收缩率随着微波时间的增加而减小，其中北京杨的心边交界材的体积收缩率的减小值较大，心材次之，边材最小。新疆杨的心边交界才材的体积收缩率的减小值最大，其次为边材，心材的最差。1.5 min时，两种杨木的体积收缩率的降低率最大。

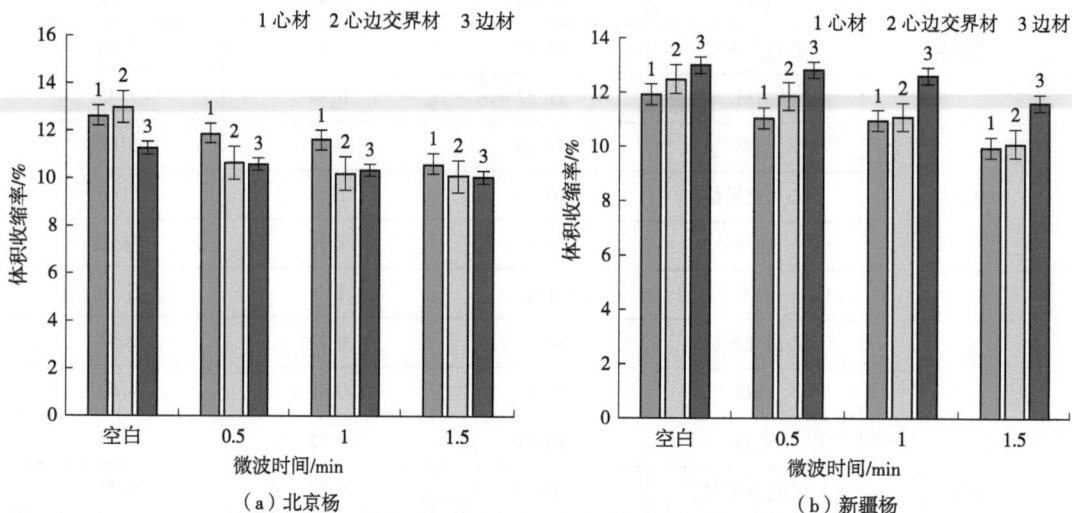

图4-4　北京杨和新疆杨的微波时间与体积收缩率的关系

表4-14　不同微波时间下新疆杨的体积收缩率的降低率　　　　　　单位:%

树种	0.5 min			1 min			1.5 min		
	心材	心边交界材	边材	心材	心边交界材	边材	心材	心边交界材	边材
北京杨	5.93	17.94	5.94	8.14	21.40	7.98	16.13	22.25	10.74
新疆杨	7.21	4.89	1.30	7.88	10.98	2.92	16.27	19.01	10.61

4.3　本章小结

通过对试验结果进行分析，本研究得出以下结论：

(1)北京杨和新疆杨的体积收缩率随预冻时间的增长而减小，随预冻温度的降低而减小。

(2)北京杨和新疆杨的体积收缩率随微波时间的延长而减小，随微波功率的增加而减小。

(3)预冻处理和微波处理可以有效改善木材的皱缩。

5　人工林杨木皱缩恢复工艺

5.1　试验材料和方法

5.1.1　试验材料

北京杨，学名 *Populus×beijingensis* W. Y. Hsu，乔木，高达 25 m。树干通直，树皮灰绿色，渐变为绿灰色，中国华北、西北各地广泛栽培，本种在土壤、水肥条件较好的立地条件下生长较快，可供建筑用材。但在寒冷、干旱、瘠薄和盐碱土地上生长较差。为防护林和绿化的优良速生树种。但在引种时必须本着适地适树的原则进行栽培，否则会失去其优良特性。

加拿大杨，学名 *Populus×canadensis*，乔木，高达 30 m，胸径 1 m；树冠开展呈卵圆形。树皮灰褐色，粗糙，纵裂。本种系美洲黑杨与欧洲黑杨之杂交种，现广植于欧洲、亚洲、美洲。19 世纪引入我国，各地普遍栽培。杂种优势明显，生长势和适应性均较强。对水涝、盐碱等瘠薄土地均有一定耐性，能适应暖热气候。

小叶杨，学名 *Populus simonii*，乔木，高达 20 余 m，胸径 50 cm 以上。树冠广卵形。树干往往不直，树皮灰褐色，老时则变粗糙，纵裂。产于中国及朝鲜。在中国分布很广，北至黑龙江，南达长江流域，西至青海、四川等地。喜光，耐寒，亦能耐热；喜肥沃湿润土壤，亦能耐干旱、瘠薄和盐碱土壤。生长较快，寿命较短；根系发达，但主根不明显；萌芽力强。

3 种杨树试验材料采伐于内蒙古自治区呼和浩特市乌素图试验林场，树龄为 25~27 年。当地属温带大陆性季风气候，半湿润半干旱过渡气候区。试样生长位置位于北纬 40°48′、东经 111°41′。3 种杨树试验材料的基本信息见表 5-1。

表 5-1　3 种杨树试验材料的基本信息

株号	北京杨			加拿大杨			小叶杨		
	胸径/cm	树高/m	枝下高/m	胸径/cm	树高/m	枝下高/m	胸径/cm	树高/m	枝下高/m
1	23.3	21.4	11.2	35.2	27.4	9.1	22.5	16.4	7.1
2	21.0	21.6	9.8	37.6	29.7	10.0	21.6	16.6	7.0
3	22.0	19.5	10.2	35.0	26.0	8.1	29.5	17.5	8.7
4	21.0	19.8	11.4	34.6	27.0	8.7	25.8	17.8	8.1
5	25.5	23.9	12.2	36.2	22.1	5.3	23.9	16.9	7.8

5.1.2　试验设备

恒温恒湿箱，型号 101A-2，国产。真空加压高温碳化炉，型号 MKX-G3，国产。智能型电热干燥箱，型号 GZX-DH60A，国产。核磁共振分析仪，型号 LF90，进口(德国)。X 射线衍射仪，进口(美国)。动态应力应变测试系统，型号 YS3，国产。环境扫描电镜，型号 ESEM XL30，进口(荷兰)。

5.1.3　试验试样

试验试样如图 5-1 所示。

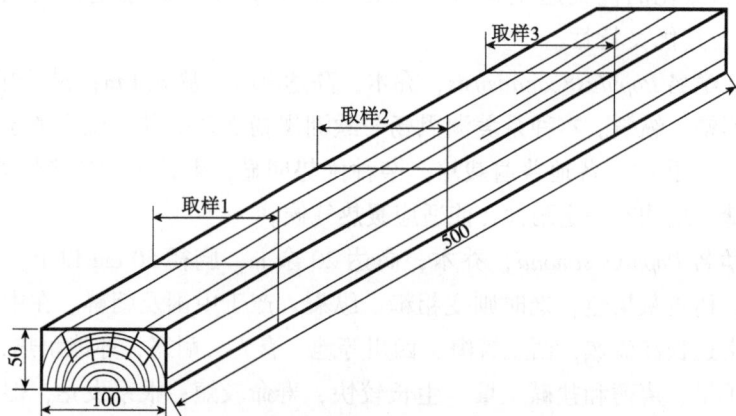

图 5-1　皱缩恢复工艺的优化试样示意(单位：mm)

5.1.4　试验方法

将采伐到的 3 种杨树原木生材锯解成 500 mm(轴向)×100 mm(径向)×50 mm(弦向)的径板材，要求纹理通直、无节无腐。为减缓端部水分的快速流失，用耐高温的硅胶封端后放入自动控制的干燥窑中，干燥基准见表 5-2，烘至含水率约为 2%时结束干燥过程。为了得到皱缩试样，以便于进一步采用合理工艺研究木材皱缩恢复性能，所以采用的干燥工艺较为剧烈，干燥结束后测量试件的弦向尺寸、径向尺寸、质量等参数指标，然后将试样放入真空加压的高温炭化炉中，通入常压饱和蒸汽，设定不同的处理温度，经过不同时间得到恢复试样，测量并计算其弦向恢复率、径向恢复率、含水率变化。采集的数据采用 SAS 9.3 软件拟合一般线性模型，采用方差分析得到以下分析结果。

表 5-2 杨木干燥基准

含水率/%	干球温度/℃	湿球温度/℃
>30	65	62
>20	85	65
>10	90	65
>6	95	65

表 5-3 列出了 3 种杨树皱缩恢复工艺优化试验中的各因素及其水平安排。

表 5-3 完全因素优化工艺参数因素水平表

因素	水平
树种	北京杨(BJ)
	加拿大杨(CA)
	小叶杨(SI)
处理温度/℃	60
	80
	100
处理时间/h	2
	4
	6

5.2 结果与讨论

5.2.1 3 种杨树不同因素皱缩恢复工艺分析

根据表 5-4 数据统计结果可以看出，建立的 GLM 模型，经检验，置信度都在 0.0001 以下，所以，拟合的模型是合理的。

从一般线性模型拟合度的计算结果，可以看到数据分析的结果是独立变量弦向恢复率、径向恢复率和含水率变化 3 项指标均非常显著(表 5-5)。

表5-4　一般线性模型拟合度分析结果

变量	样本数	自由度	平方和	均方	F 值	置信度
弦向恢复率	162	26	12195.62368	469.06245	24.24	<0.0001
径向恢复率	162	26	1487.208955	57.200344	4.53	<0.0001
含水率变化	162	26	3087.057157	118.732968	18.47	<0.0001

根据表5-5统计分析结果显示，树种、温度和时间对弦向恢复率、径向恢复率、含水率均有非常显著的影响，树种与温度的交互影响因素对弦向恢复率、含水率均有非常显著的影响，对径向恢复率影响显著。树种与时间的交互影响因素对弦向恢复率、径向恢复率、含水率影响均不显著。温度与时间的交互影响因素对弦向恢复率影响一般显著，对径向恢复率和含水率影响非常显著。树种、温度与时间的三因素交互影响因素对弦向恢复率影响显著，对径向恢复率影响不显著，对含水率影响显著。

表5-5　不同因素对杨树的恢复性能显著性结果

因素	自由度	样本数	弦向恢复率/%	径向恢复率/%	含水率/%
树种	2	162	***	***	***
温度	2	162	***	***	***
时间	2	162	***	***	***
树种×温度	4	162	***	**	***
树种×时间	4	162	**	/	/
温度×时间	4	162	*	***	***
树种×温度×时间	8	162	***	/	**

注：* 表示 $p<0.05$ 水平下，结果显著；** 表示 $p<0.01$ 水平下，结果显著；*** 表示 $p<0.001$ 水平下，结果显著；/表示 $p>0.05$ 水平下，结果不显著。

由表5-6结果显示，在树种影响中，北京杨、加拿大杨的弦向恢复率为19.83%和18.42%，优于小叶杨的15.94%。北京杨的径向恢复率为9.12%，优于加拿大杨和小叶杨的6.88%和5.68%。3个树种水平的含水率变化区别不明显。在温度影响中，随着温度升高，弦向恢复率明显提高，60℃、80℃、100℃3个温度水平分别达到8.66%、18.85%和26.68%，三者区别明显。温度水平对径向恢复率的影响中，100℃时径向恢复率达到9.36%，明显优于60℃和80℃水平对应的5.73%和6.57%。随着温度升高，含水率明显增大，60℃、80℃、100℃3个温度水平分别达到6.95%、10.78%和16.02%。在时间影响中，2h、4h和6h水平对应的弦向恢复率分别为14.61%、18.31%和21.27%，3个水平变化显著；2h水平对应的径向恢复率为5.64%，与4h和6h水平对应的7.89%和8.13%差异明显；含水率变化中，2h对应的含水率为9.75%，与4h和6h水平对应的11.55%和12.46%差异明显。

表 5-6　不同因素各水平恢复工艺显著性比较

因素		样本数	弦向恢复率/%	径向恢复率/%	含水率/%
树种	北京杨	54	19.83A	9.12A	11.32A
	加拿大杨	54	18.42A	6.88B	12.26A
	小叶杨	54	15.94B	5.68B	10.17A
温度	60℃	54	8.66C	5.73B	6.95C
	80℃	54	18.85B	6.57B	10.78B
	100℃	54	26.68A	9.36A	16.02A
时间	2 h	54	14.61C	5.64B	9.75B
	4 h	54	18.31B	7.89A	11.55A
	6 h	54	21.27A	8.13A	12.46A

注：相同的大写字母表示在 Tukey's 检验中，在 $p>0.05$ 水平下，结果不显著。

　　根据表 5-7 做不同树种与不同时间对弦向恢复率和径向恢复率分布图，如图 5-2、图 5-3 所示。由图 5-2 统计分析显示可知，从树种上看，北京杨各温度水平对弦向恢复率指标的影响明显，温度因素中，100℃ 较其余两个温度水平恢复效果明显。其中北京杨 100℃ 条件最优。由图 5-3 统计分析显示可知，从树种上看，北京杨各温度水平对径向恢复率指标的影响明显，温度因素中，100℃ 较其余两个温度水平恢复效果明显。其中北京杨 100℃ 条件最优。

表 5-7　不同树种各温度水平恢复性能结果

树种	温度/℃	样本数	弦向恢复率/%		径向恢复率/%		含水率变化/%	
			均值	标准差	均值	标准差	均值	标准差
北京杨	60	18	9.63	2.45	7.28	3.13	5.89	0.51
	80	18	19.24	4.48	7.52	4.48	10.74	2.48
	100	18	30.63	9.81	12.51	6.14	17.34	0.77
加拿大杨	60	18	8.66	2.22	5.34	2.27	8.05	2.28
	80	18	22.23	8.76	5.78	3.48	10.95	4.05
	100	18	24.36	3.97	9.52	4.61	17.79	4.53
小叶杨	60	18	7.67	2.13	4.56	1.95	6.91	1.94
	80	18	15.09	4.06	6.42	2.76	10.67	3.01
	100	18	25.06	7.56	6.04	4.38	12.94	4.59

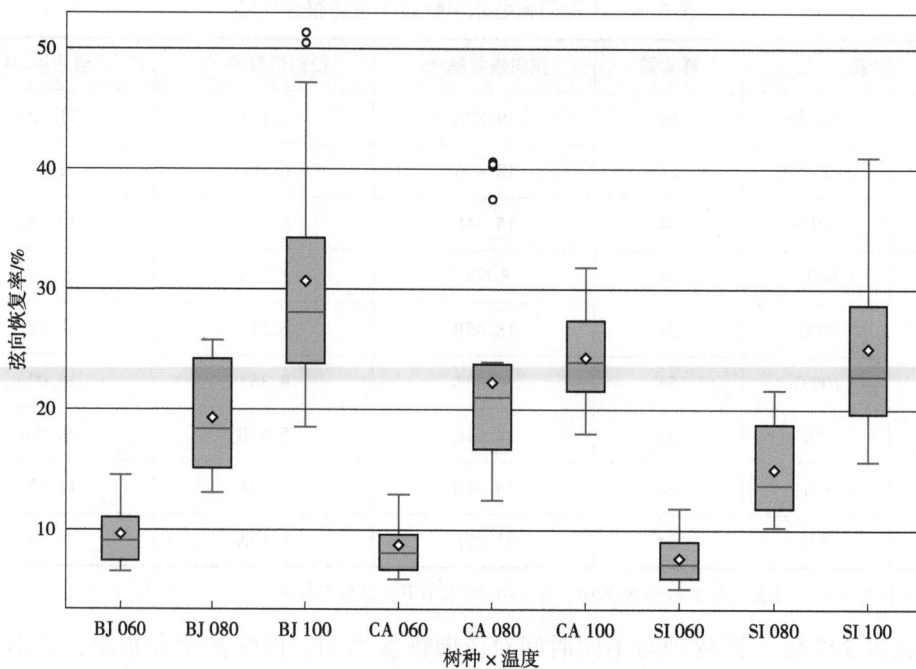

图 5-2　不同树种各温度弦向恢复率的变化

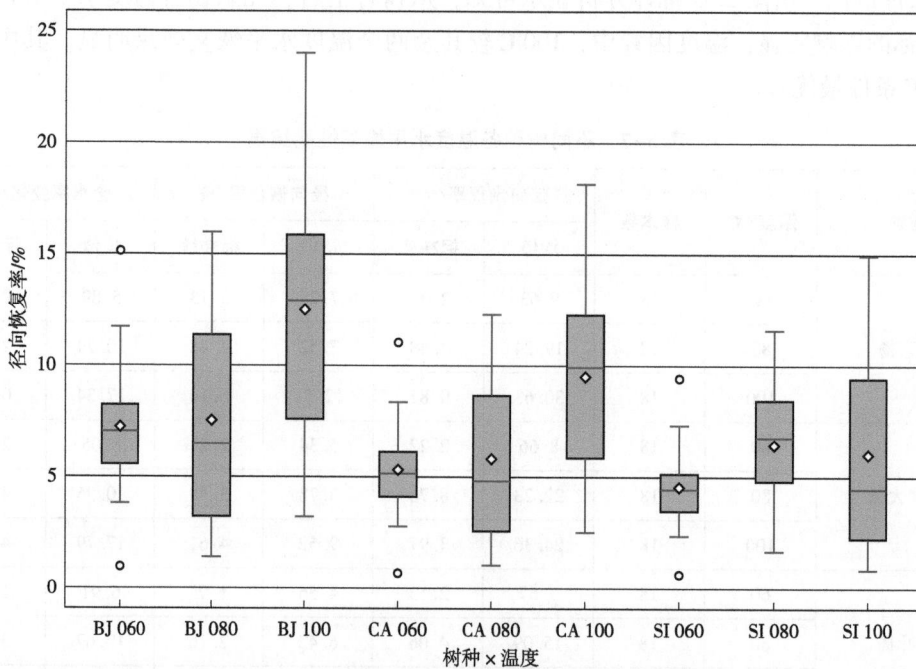

图 5-3　不同树种各温度径向恢复率的变化

根据表 5-8 作不同树种与不同时间对弦向恢复率和径向恢复率分布如图 5-4、图 5-5 所示。

表5-8 不同树种各时间恢复性能结果

树种	时间/h	样本数	弦向恢复率/%		径向恢复率/%		含水率变化/%	
			均值	标准差	均值	标准差	均值	标准差
北京杨	2	18	16.29	7.28	7.12	3.59	10.46	5.20
	4	18	17.96	9.21	9.95	5.42	11.20	4.82
	6	18	25.25	13.05	10.25	6.12	12.30	4.99
加拿大杨	2	18	15.07	6.99	5.33	2.67	10.28	3.94
	4	18	19.89	11.28	7.56	4.16	12.90	5.92
	6	18	20.29	7.56	7.74	4.62	13.60	6.17
小叶杨	2	18	12.48	5.84	4.48	2.25	8.51	2.24
	4	18	17.08	11.64	6.14	3.33	10.55	4.18
	6	18	18.26	7.06	6.40	3.76	11.46	5.12

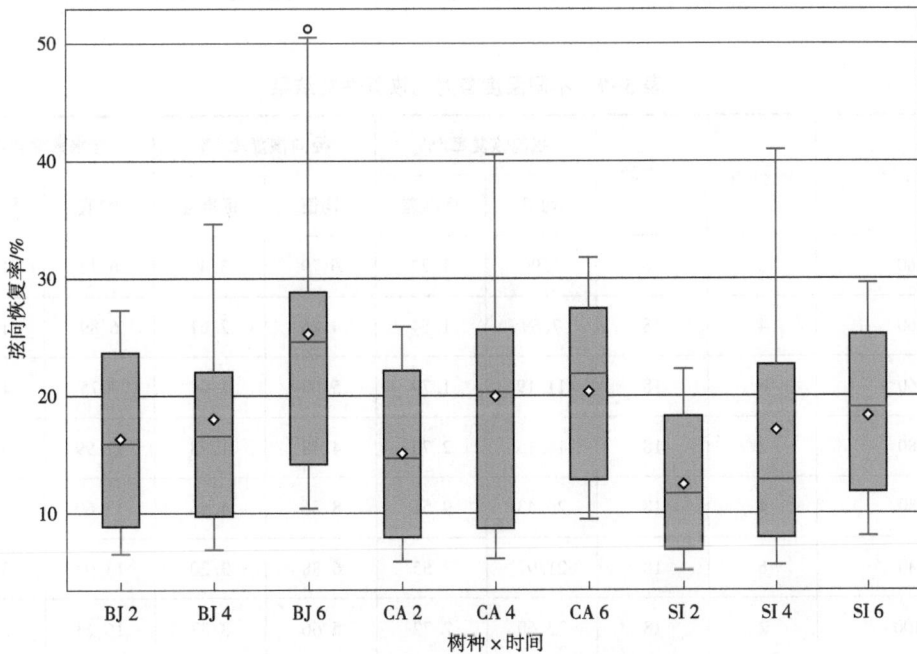

图5-4 不同树种各时间弦向恢复率的变化

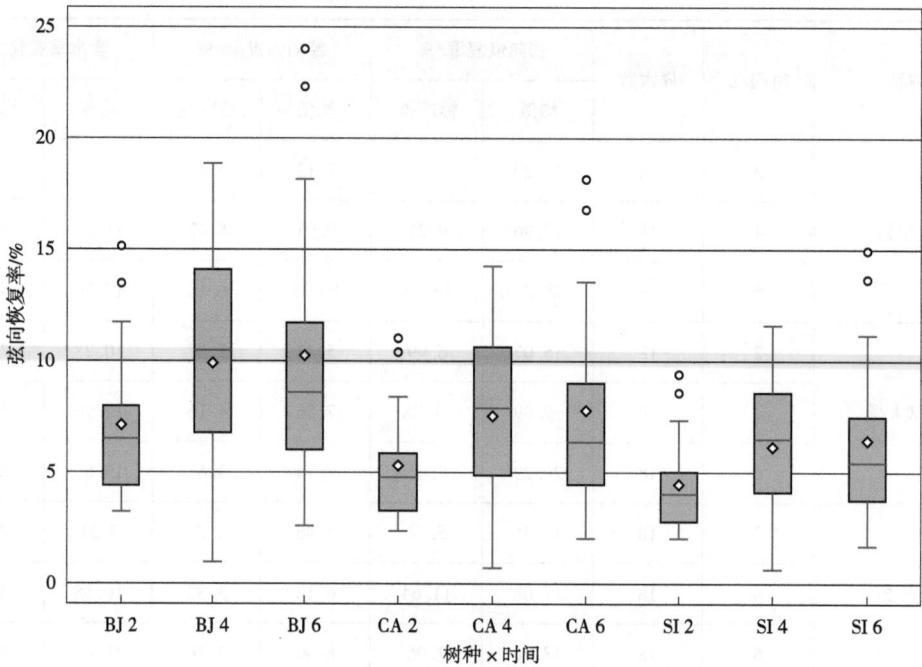

图 5-5　不同树种各时间径向恢复率的变化

　　根据表 5-9 作不同温度与不同时间对弦向恢复率和径向恢复率分布如图 5-6、图 5-7 所示。

表 5-9　不同温度各时间恢复性能结果

温度/℃	时间/h	样本数	弦向恢复率/%		径向恢复率/%		含水率变化/%	
			均值	标准差	均值	标准差	均值	标准差
60	2	18	7.09	1.22	6.79	3.40	6.42	1.78
60	4	18	7.69	1.54	4.86	2.61	6.89	1.20
60	6	18	11.19	1.79	5.53	1.61	7.75	1.51
80	2	18	14.15	2.70	4.48	1.78	11.99	3.02
80	4	18	20.43	9.51	8.36	4.46	12.60	2.34
80	6	18	21.97	2.55	6.88	3.20	13.97	3.62
100	2	18	22.60	2.72	5.66	3.37	16.23	3.91
100	4	18	26.81	7.64	10.44	4.71	17.87	4.56
100	6	18	30.64	9.70	11.98	6.62	7.53	2.53

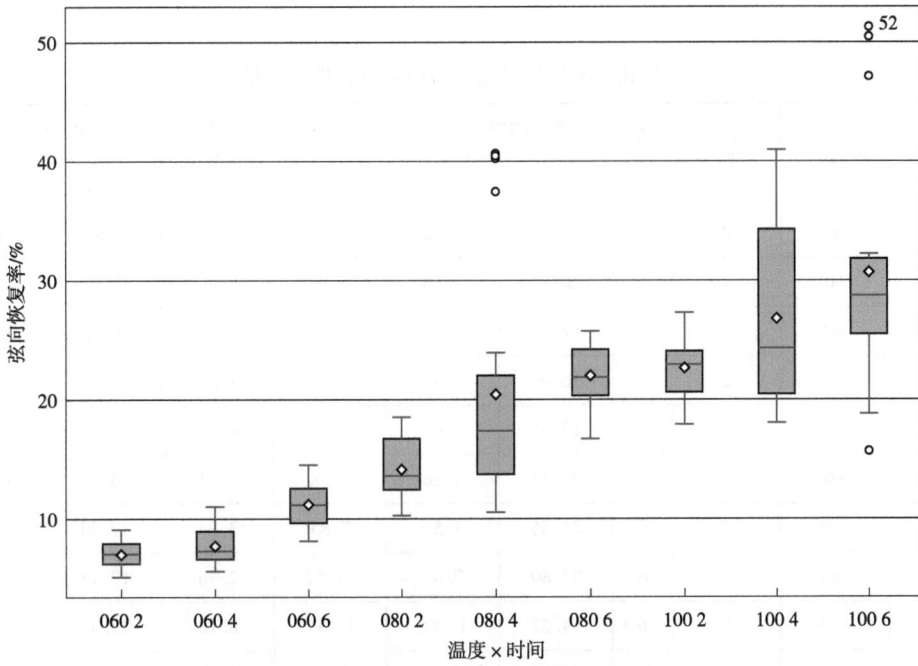

图 5-6 不同温度各时间弦向恢复率的变化

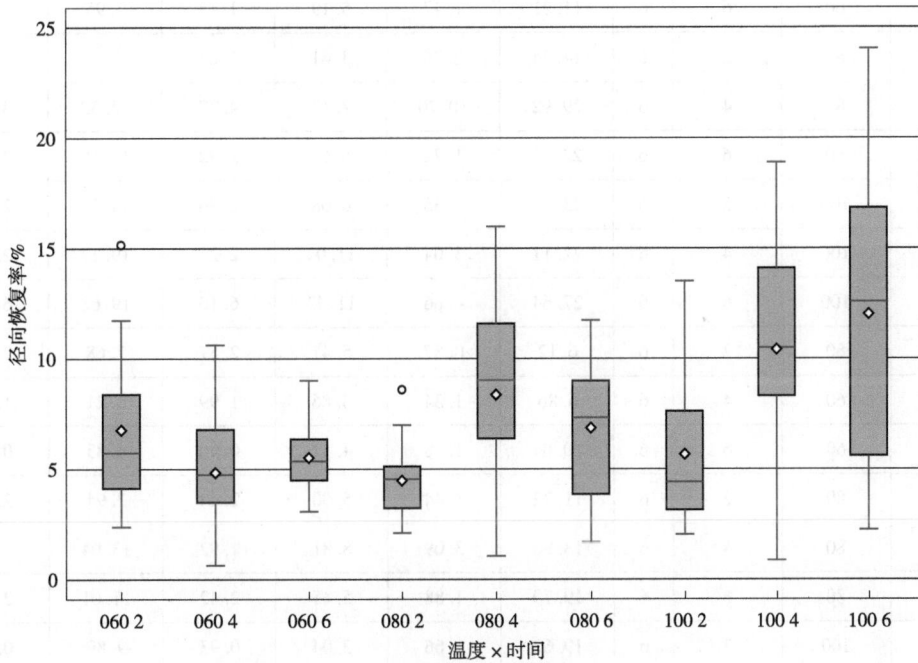

图 5-7 不同温度各时间径向恢复率的变化

根据表5-10做树种、温度和时间交互作用对弦向恢复率和径向恢复率分布如图5-8、图5-9所示。

表5-10　不同树种温度各时间恢复性能结果

树种	温度/℃	时间/h	样本数	弦向恢复率/%		径向恢复率/%		含水率变化/%	
				均值	标准差	均值	标准差	均值	标准差
BJ	60	2	6	8.01	1.12	8.67	4.12	5.92	0.65
BJ	60	4	6	8.56	1.65	6.19	3.20	5.85	0.47
BJ	60	6	6	12.34	1.74	7.00	1.53	5.89	0.48
BJ	80	2	6	16.00	2.46	4.83	1.50	7.99	0.60
BJ	80	4	6	17.52	3.64	9.15	6.18	10.60	0.98
BJ	80	6	6	24.19	1.86	8.58	3.81	13.62	0.64
BJ	100	2	6	24.86	1.58	7.85	3.84	17.48	0.34
BJ	100	4	6	27.80	7.07	14.52	2.96	17.15	0.74
BJ	100	6	6	39.22	11.68	15.17	8.10	17.40	1.13
CA	60	2	6	7.14	0.97	6.29	2.99	8.99	2.98
CA	60	4	6	7.64	1.35	4.53	2.34	7.19	2.35
CA	60	6	6	11.21	1.47	5.19	1.12	7.95	1.12
CA	80	2	6	14.74	2.26	3.61	1.08	7.33	1.06
CA	80	4	6	29.92	10.70	7.12	4.77	12.33	4.73
CA	80	6	6	22.01	1.72	6.60	2.92	13.18	2.88
CA	100	2	6	23.34	1.55	6.08	2.96	14.53	2.93
CA	100	4	6	22.11	3.04	11.04	2.21	19.17	2.18
CA	100	6	6	27.64	4.66	11.43	6.10	19.68	6.09
SI	60	2	6	6.12	0.87	5.41	2.57	7.68	2.58
SI	60	4	6	6.86	1.34	3.86	1.99	6.21	1.97
SI	60	6	6	10.04	1.58	4.41	0.96	6.83	0.94
SI	80	2	6	11.72	1.44	5.00	2.44	7.94	2.43
SI	80	4	6	13.86	3.09	8.81	1.92	13.04	1.95
SI	80	6	6	19.70	1.88	5.45	2.42	11.01	2.30
SI	100	2	6	19.62	1.66	3.04	0.93	9.89	0.96
SI	100	4	6	30.52	9.76	5.76	3.89	12.39	4.19
SI	100	6	6	25.04	4.98	9.34	5.02	16.54	5.11

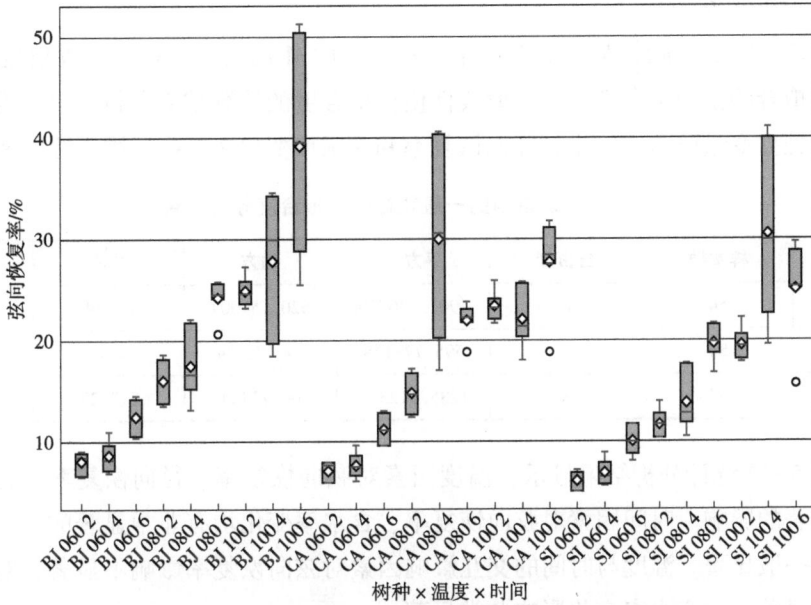

图 5-8　不同树种不同温度各时间弦向恢复率的变化

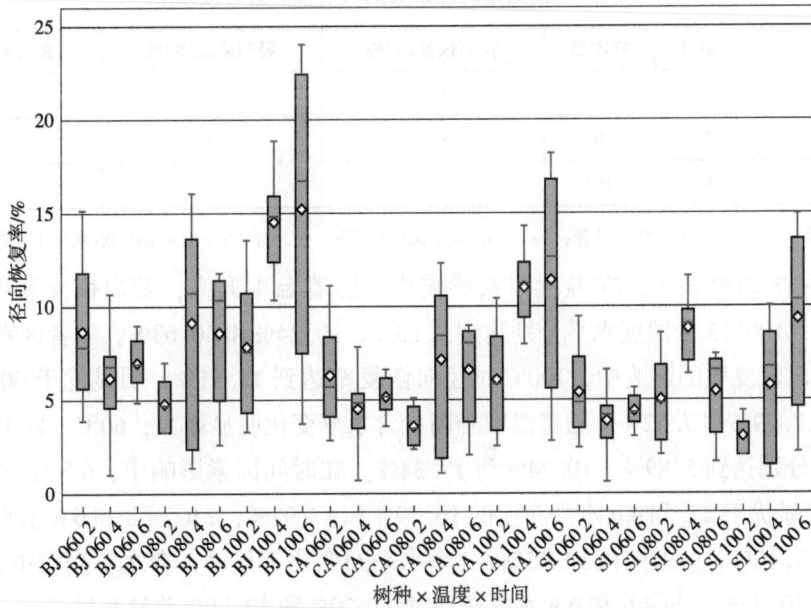

图 5-9　不同树种不同温度各时间径向恢复率的变化

5.2.2　不同树种皱缩恢复工艺分析

　　下面剔除树种因素，分别对北京杨、加拿大杨和小叶杨的不同因素各水平对弦向恢复率、径向恢复率和含水率变化进行分析，得到以下结果。

5.2.2.1 北京杨分析结果

根据表 5-11 数据统计结果可以看出，建立的 GLM 模型，经检验，置信度都在 0.01 以下，所以拟合的模型是合理的。一般线性模型拟合度的计算结果分析，可以看到数据分析的结果是独立变量弦向恢复率、径向恢复率和含水率变化 3 项指标均非常显著。

表 5-11　北京杨的一般线性模型拟合度分析结果

变量	样本数	自由度	平方和	均方	F 值	置信度
弦向恢复率	54	8	4961.236859	620.154607	25.54	<0.0001
径向恢复率	54	8	595.773148	74.471644	3.86	0.0016
含水率变化	54	8	1285.712376	160.714047	317.23	<0.0001

根据表 5-12 统计分析结果显示，温度因素对弦向恢复率、径向恢复率、含水率变化均有非常显著的影响。时间因素对弦向恢复率、含水率变化均有非常显著的影响，对径向恢复率影响一般显著。温度与时间的交互影响因素对弦向恢复率影响不显著，对径向恢复率影响一般显著，对含水率变化影响非常显著。

表 5-12　不同因素对北京杨的恢复性能显著性结果

因素	自由度	样本数	弦向恢复率/%	径向恢复率/%	含水率变化/%
温度	2	162	***	***	***
时间	2	162	***	*	***
温度×时间	4	162	/	*	***

注：＊表示 $p<0.05$ 水平下，结果显著；＊＊＊表示 $p<0.001$ 水平下，结果显著；/表示 $p>0.05$ 水平下，结果不显著。

由表 5-13 结果显示，在温度因素影响中，随着温度升高，弦向恢复率明显提高，60℃、80℃、100℃3 个温度水平分别达到 9.63%、19.24% 和 30.63%，三者区别明显。温度水平对径向恢复率的影响中，100℃ 时径向恢复率达到 12.51%，明显优于 60℃ 和 80℃ 水平对应的 7.29% 和 7.52%。随着温度升高，含水率变化明显增大，60℃、80℃、100℃3 个温度水平分别达到 5.89%、10.74% 和 17.34%。在时间因素影响中，6 h 弦向恢复率为 25.25%，明显优于 2 h 和 4 h 水平对应的 16.29% 和 17.97%；2 h、4 h 和 6 h 水平对应的径向恢复率为 7.12%、9.95% 和 10.25%，3 个水平间变化不显著；含水率变化中，2 h 对应的含水率为 10.46%，与 4 h 和 6 h 水平对应的 11.20% 和 12.30% 差异明显。

表 5-13　北京杨的不同因素各水平恢复工艺显著性比较

因素		样本数	弦向恢复率/%	径向恢复率/%	含水率变化/%
温度	60℃	18	9.63C	7.29B	5.89C
	80℃	18	19.24B	7.52B	10.74B
	100℃	18	30.63A	12.51A	17.34A

（续）

因素		样本数	弦向恢复率/%	径向恢复率/%	含水率变化/%
时间	2 h	18	16.29B	7.12A	10.46B
	4 h	18	17.97B	9.95A	11.20A
	6 h	18	25.25A	10.25A	12.30A

注：相同的大写字母表示在 Tukey's 检验中，在 $p>0.05$ 水平下，结果不显著。

根据表5-14作北京杨不同温度各时间弦向和径向恢复率的变化图，如图5-10、图5-11所示。

表5-14　北京杨的不同温度各时间恢复性能结果

温度/℃	时间/h	样本数	弦向恢复率/%		径向恢复率/%		含水率变化/%	
			均值	标准差	均值	标准差	均值	标准差
60	2	6	8.007	1.118	8.667	4.122	5.919	0.645
60	4	6	8.557	1.653	6.188	3.196	5.850	0.467
60	6	6	12.337	1.742	7.000	1.531	5.891	0.485
80	2	6	16.003	2.457	4.833	1.497	7.987	0.599
80	4	6	17.517	3.639	9.146	6.179	10.603	0.983
80	6	6	24.193	1.858	8.583	3.813	13.624	0.643
100	2	6	24.857	1.578	7.854	3.838	17.476	0.343
100	4	6	27.795	7.066	14.521	2.956	17.146	0.737
100	6	6	39.223	11.679	15.167	8.098	17.399	1.135

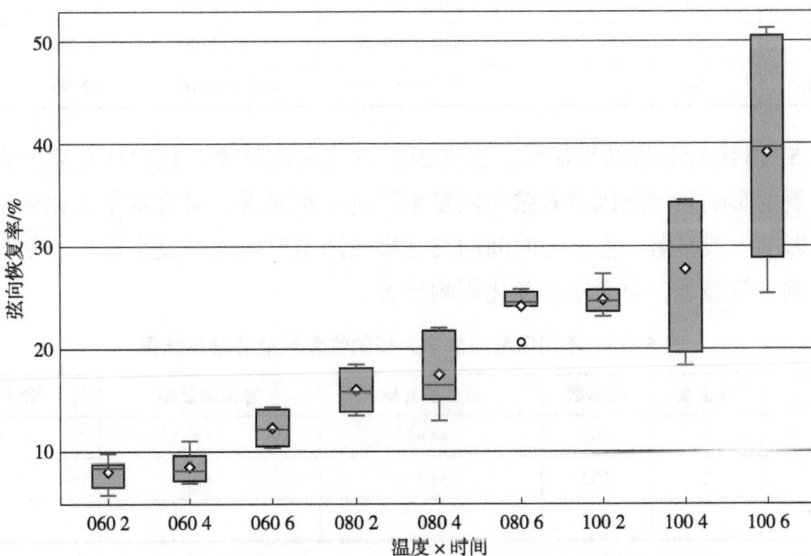

图5-10　北京杨不同温度各时间弦向恢复率的变化

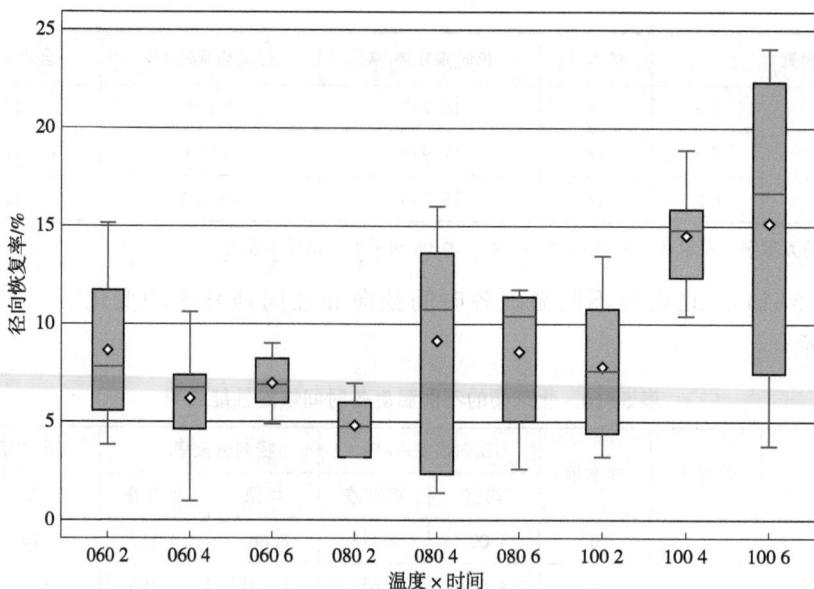

图 5-11　北京杨不同温度各时间径向恢复率的变化

5.2.2.2　加拿大杨分析结果

根据表 5-15 数据统计结果可以看出，建立的 GLM 模型，经检验，置信度都在 0.01 以下，所以，拟合的模型是合理的。一般线性模型拟合度的计算结果分析，可以看到数据分析的结果是独立变量弦向恢复率、径向恢复率和含水率变化 3 项指标均非常显著。

表 5-15　加拿大杨的一般线性模型拟合度分析结果

变量	样本数	自由度	平方和	均方	F 值	置信度
弦向恢复率	54	8	3462.499435	432.812429	24.21	<0.0001
径向恢复率	54	8	349.9290964	43.7411370	3.98	0.0012
含水率变化	54	8	1127.763330	140.970416	12.96	<0.0001

根据表 5-16 统计分析结果显示，温度因素对弦向恢复率、径向恢复率、含水率变化均有非常显著的影响。时间因素对弦向恢复率影响非常显著，对含水率变化影响显著，对径向恢复率影响一般显著。温度与时间的交互影响因素对弦向恢复率影响非常显著，对径向恢复率影响一般显著，对含水率变化影响显著。

表 5-16　不同因素对加拿大杨的恢复性能显著性结果

因素	自由度	样本数	弦向恢复率	径向恢复率	含水率变化
温度	2	162	***	***	***
时间	2	162	***	*	**
温度×时间	4	162	***	*	**

注：* 表示 $p<0.05$ 水平下，结果显著；** 表示 $p<0.01$ 水平下，结果显著；*** 表示 $p<0.001$ 水平下，结果显著。

　　由表 5-17 结果显示，在温度因素影响中，随着温度升高，弦向恢复率明显提高，60℃、80℃、100℃ 3 个温度水平分别达到 8.66%、22.23% 和 24.37%，60℃ 水平与其他2 个水平区别明显。温度水平对径向恢复率的影响中，100℃ 时径向恢复率达到 9.52%，明显优于 60℃ 和 80℃ 水平对应的 5.34% 和 5.78%。随着温度升高，含水率变化明显增大，60℃、80℃、100℃ 3 个温度水平分别达到 8.05%、10.95% 和 17.79%。在时间因素影响中，2 h 弦向恢复率为 15.07%，而 4 h 和 6 h 水平对应的 19.89% 和 20.29%，后两个水平得到明显提高；2 h、4 h 和 6 h 水平对应的径向恢复率为 5.33%、7.56% 和 7.74%，3 个水平间变化不显著；含水率变化中，2 h、4 h 和 6 h 对应的含水率为 10.29%、12.90% 和13.60%，三者变化差异较明显。

表 5-17　加拿大杨的不同因素各水平恢复工艺显著性比较

因素		样本数	弦向恢复率/%	径向恢复率/%	含水率变化/%
温度	60℃	18	8.66B	5.34B	8.05C
	80℃	18	22.23A	5.78B	10.95B
	100℃	18	24.37A	9.52A	17.79A
时间	2 h	18	15.07B	5.33A	10.29B
	4 h	18	19.89A	7.56A	12.90AB
	6 h	18	20.29A	7.74A	13.60A

注：相同的大写字母表示在 Tukey's 检验中，在 $p > 0.05$ 水平下，结果不显著。

　　根据表 5-18 作加拿大杨不同温度各时间弦向和径向恢复率的变化图，如图 5-12、图 5-13 所示。

表 5-18　加拿大杨的不同温度各时间恢复性能结果

温度/℃	时间/h	样本数	弦向恢复率/%		径向恢复率/%		含水率变化/%	
			均值	标准差	均值	标准差	均值	标准差
60	2	6	7.137	0.969	6.294	2.989	8.993	2.984
60	4	6	7.644	1.345	4.527	2.336	7.192	2.350
60	6	6	11.206	1.467	5.187	1.124	7.952	1.122
80	2	6	14.743	2.260	3.606	1.082	7.334	1.059
80	4	6	29.922	10.705	7.120	4.773	12.326	4.732
80	6	6	22.014	1.716	6.599	2.915	13.176	2.882
100	2	6	23.340	1.553	6.079	2.958	14.527	2.930
100	4	6	22.106	3.037	11.043	2.208	19.168	2.178
100	6	6	27.645	4.660	11.435	6.099	19.681	6.089

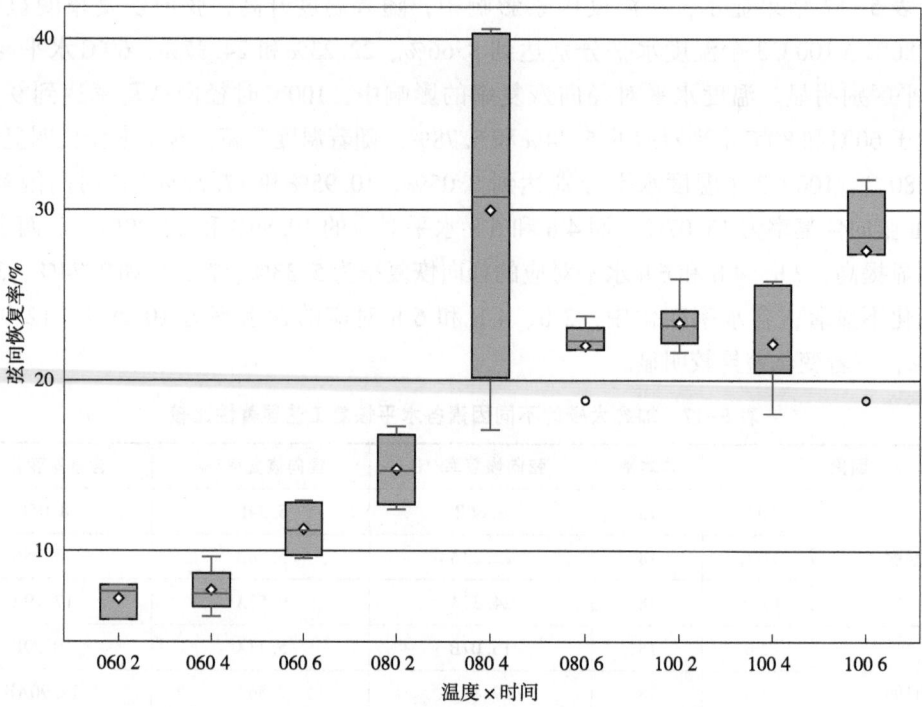

图 5-12　加拿大杨不同温度各时间弦向恢复率的变化

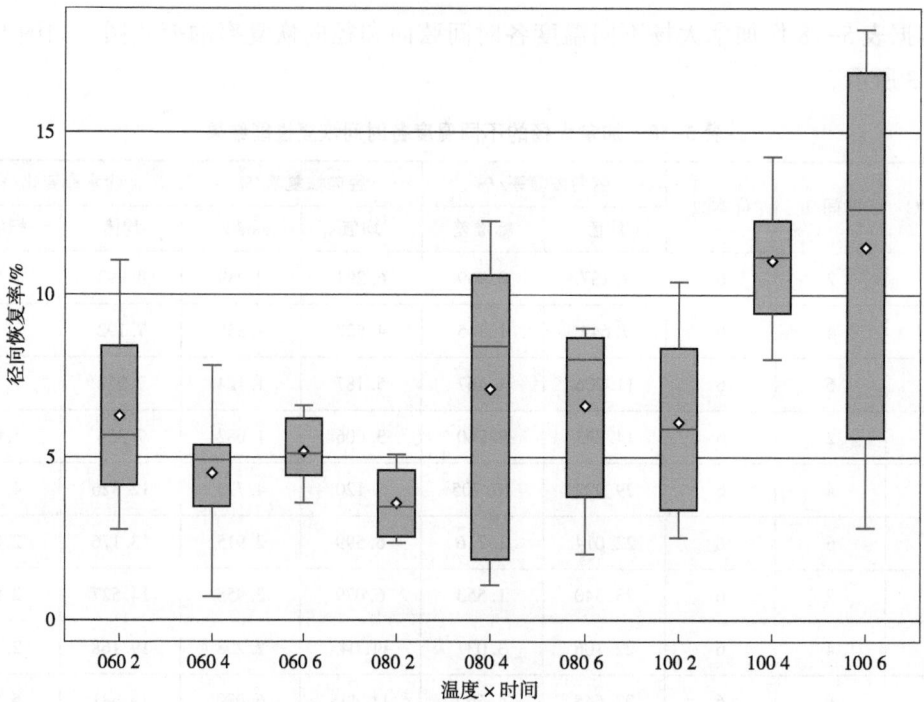

图 5-13　加拿大杨不同温度各时间径向恢复率的变化

5.2.2.3 小叶杨分析结果

根据表5-19数据统计结果可以看出，建立的GLM模型，经检验，置信度都在0.01以下，所以拟合的模型是合理的。一般线性模型拟合度的计算结果分析，可以看到数据分析的结果是独立变量弦向恢复率、径向恢复率和含水率变化3项指标均非常显著。

表5-19 小叶杨的一般线性模型拟合度分析结果

变量	样本数	自由度	平方和	均方	F值	置信度
弦向恢复率	54	8	3352.779308	419.097414	26.37	<0.0001
径向恢复率	54	8	214.2039035	26.7754879	3.54	0.0030
含水率变化	54	8	555.2788560	69.4098570	8.79	<0.0001

根据表5-20统计分析结果显示，温度因素对弦向恢复率和含水率变化有显著影响，对径向恢复率影响不显著。时间因素对弦向恢复率和含水率变化有非常显著的影响，对径向恢复率影响一般显著。温度与时间的交互影响因素对弦向恢复率、径向恢复率和含水率变化均有非常显著的影响。

表5-20 不同因素对小叶杨的恢复性能显著性结果

因素	自由度	样本数	弦向恢复率	径向恢复率	含水率变化
温度	2	162	***	/	***
时间	2	162	***	*	***
温度×时间	4	162	***	***	***

注：*表示$p<0.05$水平下，结果显著；***表示$p<0.001$水平下，结果显著；/表示$p>0.05$水平下，结果不显著。

由表5-21结果显示，在温度因素影响中，随着温度升高，弦向恢复率明显提高，60℃、80℃、100℃3个温度水平分别达到7.67%、15.09%和25.06%，3个水平区别明显。温度水平对径向恢复率的影响中，60℃、80℃和100℃水平分别对应的4.56%、6.42%和6.04%，三者区别不明显。随着温度升高，含水率变化明显增大，60℃、80℃、100℃3个温度水平分别达到6.91%、10.67%和12.94%。在时间影响中，2h弦向恢复率为12.48%，而4h和6h水平对应的17.08%和18.26%，后两个水平得到明显提高；2h、4h和6h水平对应的径向恢复率为4.48%、6.15%和6.40%，3个水平间变化不显著；含水率变化中，2h、4h和6h对应的含水率为8.51%、10.55%和11.46%，三者变化差异较明显。

表5-21 小叶杨的不同因素各水平恢复工艺显著性比较

因素		样本数	弦向恢复率/%	径向恢复率/%	含水率/%
温度	60℃	18	7.67C	4.56A	6.91C
	80℃	18	15.09B	6.42A	10.67B
	100℃	18	25.06A	6.04A	12.94A

（续）

因素		样本数	弦向恢复率/%	径向恢复率/%	含水率/%
时间	2 h	18	12.48B	4.48A	8.51B
	4 h	18	17.08A	6.15A	10.55AB
	6 h	18	18.26A	6.40A	11.46A

注：相同的大写字母表示在 Tukey's 检验中，在 $p>0.05$ 水平下，结果不显著。

根据表 5-22 作小叶杨不同温度各时间弦向和径向恢复率的变化图，如图 5-14、图 5-15 所示。

表 5-22　小叶杨的不同温度各时间恢复性能结果

温度/℃	时间/h	样本数	弦向恢复率/%		径向恢复率/%		含水率变化/%	
			均值	标准差	均值	标准差	均值	标准差
60	2	6	6.116	0.869	5.409	2.565	7.680	2.584
60	4	6	6.863	1.335	3.863	1.990	6.205	1.972
60	6	6	10.039	1.584	4.408	0.962	6.834	0.940
80	2	6	11.716	1.435	5.001	2.441	7.943	2.433
80	4	6	13.858	3.087	8.813	1.925	13.044	1.951
80	6	6	19.700	1.875	5.455	2.417	11.013	2.299
100	2	6	19.616	1.662	3.036	0.934	9.895	0.956
100	4	6	30.517	9.764	5.758	3.888	12.390	4.195
100	6	6	25.038	4.976	9.338	5.018	16.539	5.109

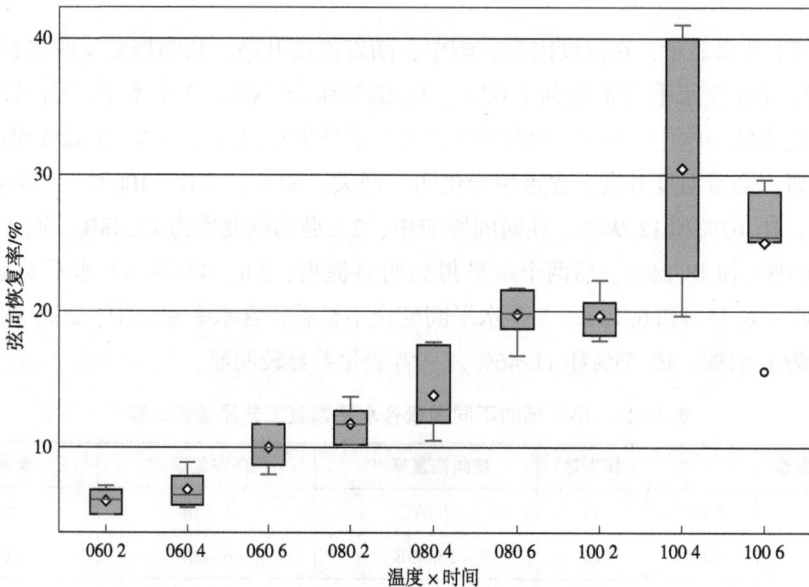

图 5-14　小叶杨不同温度各时间弦向恢复率的变化

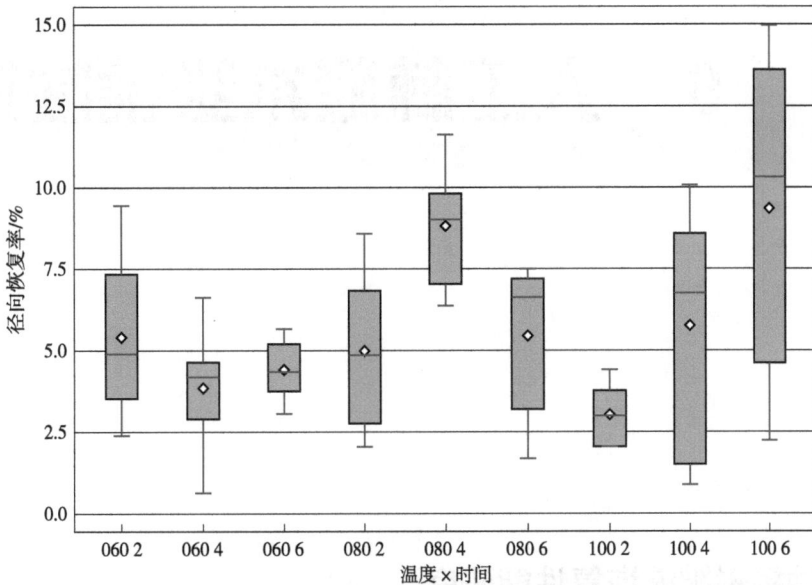

图5-15 小叶杨不同温度各时间径向恢复率的变化

5.3 本章小结

本章试验结果显示，在树种影响中，北京杨、加拿大杨的弦向恢复率为19.83%和18.42%，优于小叶杨的15.94%。北京杨的径向恢复率为9.12%，优于加拿大杨和小叶杨的6.88%和5.68%。3个树种水平的含水率变化区别不明显。在温度影响中，随着温度升高，弦向恢复率明显提高，60℃、80℃、100℃3个温度水平分别达到8.66%、18.85%和26.68%，三者区别明显。温度水平对径向恢复率的影响中，100℃时径向恢复率达到9.36%，明显优于60℃和80℃水平对应的5.73%和6.57%。随着温度升高，含水率明显增大，60℃、80℃、100℃3个温度水平分别达到6.95%、10.78%和16.02%。在时间影响中，2 h、4 h和6 h水平对应的弦向恢复率分别为14.61%、18.31%和21.27%，三者水平变化显著；2 h水平对应的径向恢复率为5.64%，与4 h和6 h水平对应的7.89%和8.13%差异明显；含水率变化中，2 h对应的含水率为9.75%，与4 h和6 h水平对应的11.55%和12.46%差异明显。

综上所述，研究人工林杨木皱缩恢复工艺参数优化试验中，树种方面，北京杨恢复效果优于加拿大杨和小叶杨。温度方面，100℃处理的恢复性能表现良好，80℃的次之。时间方面，6 h处理的恢复性能较好，4 h的次之。因此，100℃、6 h工艺条件下，人工林杨木皱缩恢复性能最好。

6 人工林杨木皱缩性能

6.1 三种杨树皱缩恢复性能研究

本试验在确定木材皱缩恢复工艺参数基础上，进一步考虑不同试样尺寸、不同热处理时间条件下，木材皱缩恢复性能的综合影响。

6.1.1 试验材料和方法

6.1.1.1 试验材料

北京杨、加拿大杨、小叶杨的具体情况见5.1。

本试验用材料，采自内蒙古自治区呼和浩特市郊区林场，经制材锯截成板材后，取纹理通直、无变色腐朽等缺陷的生材板材备用。

6.1.1.2 试验设备

同5.1.2。

6.1.1.3 试验试样

本试验用试样如图6-1所示。

6.1.1.4 试验方法

将采伐到的3种杨木原木生材锯解成500 mm（轴向）×100 mm（径向）×50 mm（弦向）的径板材，要求纹理通直、无节无腐。为减缓端部水分的快速逃逸，用耐高温的硅胶封端后放入自动控制的干燥窑中，设定恒定干燥温度为103℃±2℃，烘至含水率为2%，结束干燥过程。为了得到皱缩试样，以便于进一步采用合理工艺研究木材皱缩恢复性能，所以采用的干燥工艺较为剧烈。

将干燥后的试样按照试样长度方向截取 10 mm、20 mm、30 mm、40 mm、50 mm 不同

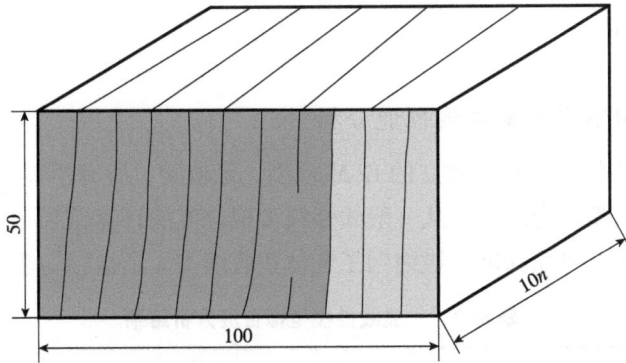

图 6-1　皱缩恢复性能试样示意（单位：mm）

厚度试样若干，然后测量试样的质量并计算含水率，测量试样的厚度、皱缩深度，采集试样横断面的图像信息，用计算机软件分析试样截面图像，得到横截面面积和周长，计算得到皱缩因子和体积收缩率，然后将试样放入真空加压高温炭化炉中，通入常压饱和蒸汽，设定炉内温度为100℃，经过不同处理时间得到恢复试样，测量其含水率、皱缩深度、皱缩因子和体积收缩率。采集的数据采用 SAS 9.3 软件拟合一般线性模型，采用方差分析得到分析结果。

表 6-1 列出了完全因素优化参数试验中的各因素及其水平安排。

表 6-1　完全因素优化工艺参数因素水平表

因素	水平
树种	北京杨(BJ)
	加拿大杨(CA)
	小叶杨(SI)
处理时间/h	0
	2
	4
	6
	8
	10
	12
试样厚度/mm	10
	20
	30
	40
	50

6.1.2 结果与讨论

6.1.2.1 3种杨树不同因素皱缩性能分析

根据表6-2统计结果显示，建立的GLM模型，经检验，所有指标置信度都在0.01以下，所以，拟合的模型是合理的。从一般线性模型拟合度的计算结果分析，可以看到数据分析的结果是含水率、皱缩深度、皱缩因子和体积收缩率4项指标均非常显著。

表6-2 一般线性模型拟合度分析结果

变量	样本数	自由度	平方和	均方	F 值	置信度
含水率	630	104	88540.75274	851.35339	63.23	<0.0001
皱缩深度	630	104	550.4301537	5.2925976	88.13	<0.0001
皱缩因子	630	104	465601.4213	4476.9367	67.13	<0.0001
体积收缩率	630	104	7880.099865	75.770191	24.66	<0.0001

根据表6-3统计分析结果所示，树种对含水率指标影响显著，对皱缩深度、皱缩因子、体积收缩率影响非常显著。处理时间对含水率、皱缩深度、皱缩因子和体积收缩率影响均非常显著。试样厚度对含水率、皱缩深度、皱缩因子影响非常显著，对体积收缩率影响显著。树种与处理时间对所有指标均有非常显著的影响。树种与试样厚度交互作用对含水率、皱缩深度影响非常显著，对皱缩因子影响一般显著，对体积收缩率影响不显著。处理时间与试样厚度的交互作用影响中，所有指标影响均非常显著。树种、处理时间和试样厚度3个因素的交互作用对皱缩因子指标影响不显著，对其余3个指标影响均非常显著。通过进一步分析，得到以下结果。

表6-3 3种杨树不同因素各水平的皱缩恢复指标显著性结果

因素	样本数	自由度	含水率	皱缩深度	皱缩因子	体积收缩率
树种	630	2	**	***	***	***
处理时间	630	6	***	***	***	***
试样厚度	630	4	***	***	***	**
树种×处理时间	630	12	***	***	***	***
树种×试样厚度	630	8	***	**	*	/
处理时间×试样厚度	630	24	***	***	***	***
树种×处理时间×试样厚度	630	48	***	***	/	***

注：* 表示 $p<0.05$ 水平下，结果显著；** 表示 $p<0.01$ 水平下，结果显著；*** 表示 $p<0.001$ 水平下，结果显著；/ 表示 $p>0.05$ 水平下，结果不显著。

表6-4不同因素各水平对恢复性能的影响结果所示，3种杨树树种含水率差异较为明

显，北京杨含水率最大为 15.98%，小叶杨含水率最小为 13.21%。3 种杨树的皱缩深度指标有明显差异，北京杨最大为 1.53 mm，小叶杨最小为 1.09 mm，加拿大杨的皱缩深度位于两者之间，为 1.15 mm。3 种杨树皱缩因子差异较明显，加拿大杨最大为 56.07。3 种杨树的体积收缩率差异较明显，小叶杨最大为 3.95%。不同处理时间的影响中，随着时间的增加，含水率得到逐渐提高，12 h 处理后，含水率达到最大值 38.36%。其余各水平含水率变化均非常显著。随着时间的增加，皱缩深度逐渐减小，由初始的 3.08 mm，经过 12 h 后减小到 0.20 mm，效果十分显著。随着处理时间的增加，皱缩因子逐渐减小，由初始的 107.97 达到 12 h 处理后的 23.79，各水平差异十分显著。随着处理时间的增加，试样的体积收缩率呈逐渐增大的趋势，各水平差异非常显著。

表 6-4 不同因素各水平恢复性能指标比较

因素	水平	样本数	含水率/%	皱缩深度/mm	皱缩因子	体积收缩率/%
树种	北京杨	210	15.98A	1.53A	49.80B	3.22B
	加拿大杨	210	15.13B	1.15B	56.07A	3.58AB
	小叶杨	210	13.21C	1.09C	49.62B	3.95A
处理时间	0 h	90	1.69G	3.08A	107.97A	0.00E
	2 h	90	6.74F	1.78B	67.67B	0.74E
	4 h	90	8.80E	1.34C	51.34C	1.75D
	6 h	90	10.67D	1.05D	43.94D	2.43D
	8 h	90	16.29C	0.79E	37.20E	3.87C
	10 h	90	20.88B	0.57F	30.89F	6.64B
	12 h	90	38.36A	0.20G	23.79G	9.65A
试样厚度	10 mm	126	13.89BC	1.21B	54.14A	3.25B
	20 mm	126	13.63C	1.34A	52.23AB	3.38B
	30 mm	126	14.52BC	1.32A	52.15AB	3.32B
	40 mm	126	15.08B	1.23B	50.04B	3.36B
	50 mm	126	16.75A	1.19B	50.59B	4.61A

注：相同的大写字母表示在 Tukey's 检验中，在 $p > 0.05$ 水平下，结果不显著。

同时由表 6-4 可知，在试样厚度对各指标的影响分析中，20 mm 厚的试样含水率较低，为 13.63%，50 mm 厚的试样平均含水率最高为 16.75%。皱缩深度与试样尺寸的关系不明显，20 mm 和 30 mm 厚试样的皱缩深度较大分别为 1.34 mm 和 1.32 mm。随着试样尺寸增加皱缩因子逐渐减小的趋势，各水平差别不明显。随着厚度变化体积收缩率没有明显规律性变化，50 mm 后的试样体积收缩率最大为 4.61%，与其他厚度试样区别明显，其余各厚度水平的体积收缩率差异性均不显著。

对各因素指标的交互影响做进一步分析，得到以下结果。

由表 6-5 和图 6-2~图 6-4 可知，不同树种各时间恢复性能结果，经过 12 h 恢复处理的北京杨含水率最大达到 41.146%，加拿大杨达到 38.746%，小叶杨达到 35.188%。经过 12 h 恢复处理北京杨皱缩深度恢复到 0.271 mm，加拿大杨皱缩深度恢复到 0.204 mm，小叶杨皱缩深度恢复到 0.115 mm。经过 12 h 恢复处理，北京杨皱缩因子最小值为 26.716，加拿大杨皱缩因子最小值为 23.983，小叶杨皱缩因子最小值为 20.682。经过 12 h 恢复处理，北京杨的体积收缩率最大值为 9.213%，加拿大杨最大体积收缩率为 10.708%，小叶杨最大体积收缩率为 9.041%。

表 6-5　不同树种各时间恢复性能结果

树种	时间/h	样本数	含水率/%		皱缩深度/mm		皱缩因子		体积收缩/%	
			均值	标准差	均值	标准差	均值	标准差	均值	标准差
BJ	0	30	1.690	0.000	3.539	0.758	98.656	20.473	0.000	0.000
BJ	2	30	8.143	1.030	2.145	0.229	61.809	5.664	0.656	0.311
BJ	4	30	9.606	0.276	1.667	0.106	49.944	2.453	1.612	0.177
BJ	6	30	11.072	0.855	1.319	0.138	42.633	2.418	2.259	0.292
BJ	8	30	17.348	2.125	1.011	0.054	36.472	1.475	3.581	0.499
BJ	10	30	22.865	1.074	0.759	0.117	32.359	1.177	5.209	0.548
BJ	12	30	41.146	12.649	0.271	0.128	26.716	2.966	9.213	4.728
CA	0	30	1.790	0.000	2.670	0.581	119.194	24.545	0.000	0.000
CA	2	30	6.391	1.214	1.620	0.153	74.110	8.719	0.661	0.271
CA	4	30	9.020	0.352	1.249	0.068	54.438	2.930	1.619	0.320
CA	6	30	11.427	1.683	0.993	0.111	47.588	1.630	2.372	0.237
CA	8	30	16.904	1.617	0.767	0.032	40.164	2.375	3.832	0.622
CA	10	30	21.623	1.870	0.572	0.094	33.040	2.397	5.894	0.804
CA	12	30	38.746	11.665	0.204	0.096	23.983	2.687	10.708	4.786
SI	0	30	1.580	0.000	3.017	0.963	106.052	19.482	0.000	0.000
SI	2	30	5.690	0.982	1.569	0.189	67.097	7.783	0.892	0.366
SI	4	30	7.769	0.301	1.114	0.079	49.643	3.295	2.021	0.263
SI	6	30	9.496	1.115	0.833	0.083	41.612	2.104	2.667	0.460
SI	8	30	14.606	1.578	0.601	0.063	34.952	2.404	4.209	0.732
SI	10	30	18.166	0.804	0.366	0.083	27.267	1.980	8.815	4.974
SI	12	30	35.188	13.792	0.115	0.068	20.682	1.664	9.041	4.633

由表 6-6 和图 6-5、图 6-6 可知，不同树种各试样厚度恢复性能结果，北京杨 50 mm 厚度的含水率最高为 17.708%，加拿大杨 50 mm 厚度的含水率最高为 15.877%，小叶杨 50 mm 厚度试样的含水率最高为 16.666%。北京杨 50 mm 厚度试样的皱缩深度最小为 1.410 mm，加拿大杨 50 mm 厚度试样的皱缩深度最小为 1.063 mm，而小叶杨不同厚度的皱缩深度变化规律性不强。各树种皱缩因子随试样厚度变化不明显。北京杨 50 mm 厚度试样的体积收缩率最大为 4.131%，加拿大杨 50 mm 厚度试样的体积收缩率最大为 4.181%，

小叶杨 50 mm 试样的体积收缩率最大为 5.524%。

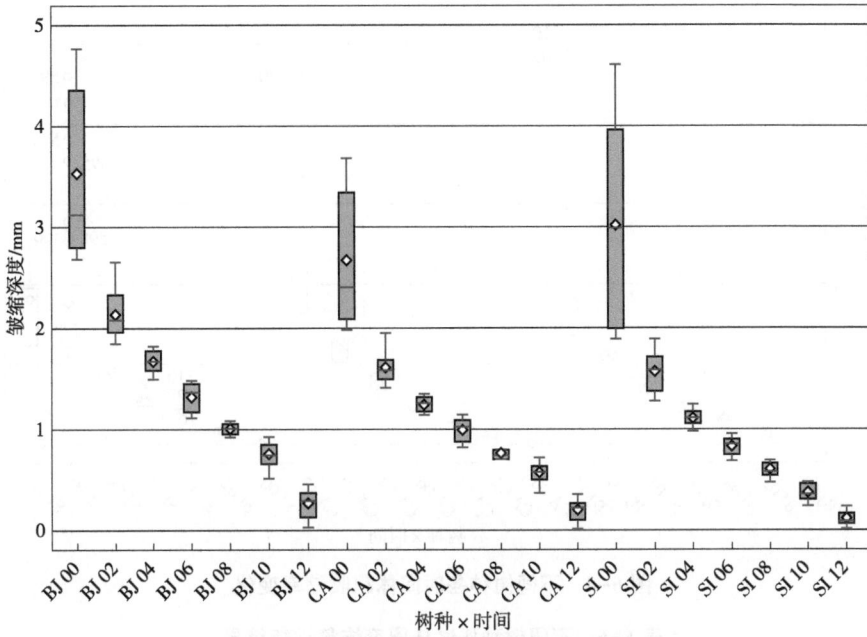

图 6-2　不同树种各时间皱缩深度变化

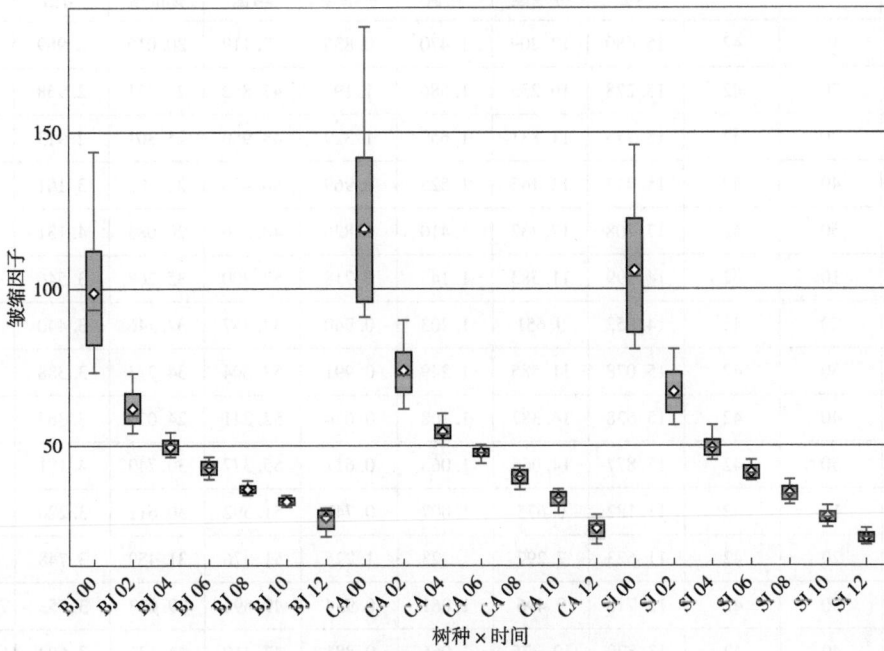

图 6-3　不同树种各时间皱缩因子变化

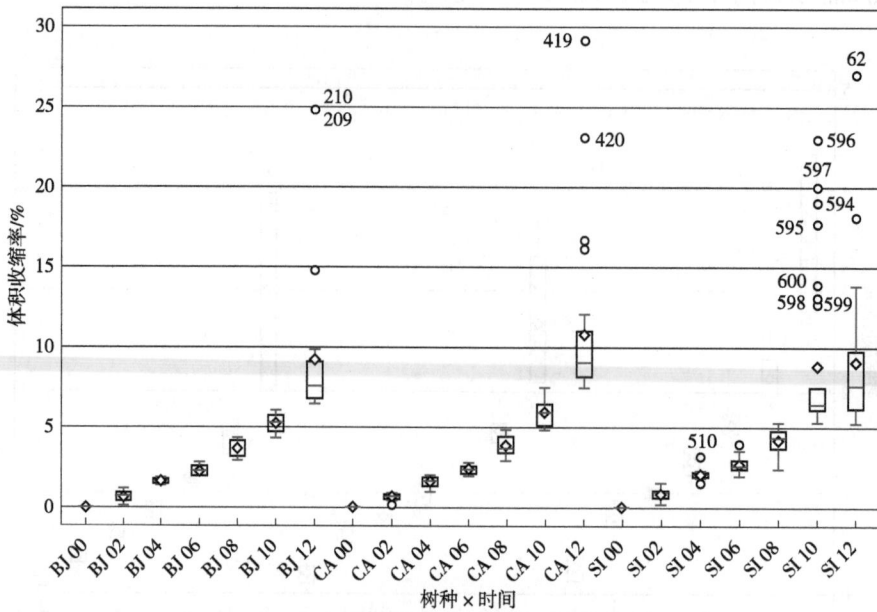

图 6-4 不同树种各时间体积收缩率变化

表 6-6 不同树种各试样厚度恢复性能结果

树种	厚度/mm	样本数	含水率/%		皱缩深度/mm		皱缩因子		体积收缩率/%	
			均值	标准差	均值	标准差	均值	标准差	均值	标准差
BJ	10	42	15.480	12.209	1.470	0.835	53.119	30.019	2.989	2.489
BJ	20	42	15.228	10.235	1.586	1.197	47.852	21.771	2.958	2.569
BJ	30	42	15.775	11.831	1.659	1.329	48.950	25.801	2.913	2.624
BJ	40	42	15.717	12.143	1.525	0.969	50.476	22.503	3.101	2.655
BJ	50	42	17.708	17.732	1.410	0.826	48.596	20.083	4.131	5.724
CA	10	42	14.999	11.583	1.145	0.718	57.700	35.268	3.546	3.963
CA	20	42	14.052	9.651	1.203	0.940	57.447	32.746	3.440	3.184
CA	30	42	15.078	11.585	1.249	0.991	57.604	34.273	3.388	3.139
CA	40	42	15.638	14.387	1.108	0.624	52.241	24.020	3.363	3.010
CA	50	42	15.877	14.065	1.063	0.611	55.377	30.749	4.181	5.701
SI	10	42	11.182	6.675	1.007	0.747	51.592	30.611	3.220	2.286
SI	20	42	11.623	7.297	1.223	1.225	51.376	31.459	3.748	3.419
SI	30	42	12.718	9.496	1.061	0.954	49.892	29.023	3.653	3.407
SI	40	42	13.879	12.375	1.066	0.885	47.410	24.173	3.602	3.542
SI	50	42	16.666	17.957	1.083	1.055	47.806	26.427	5.524	6.888

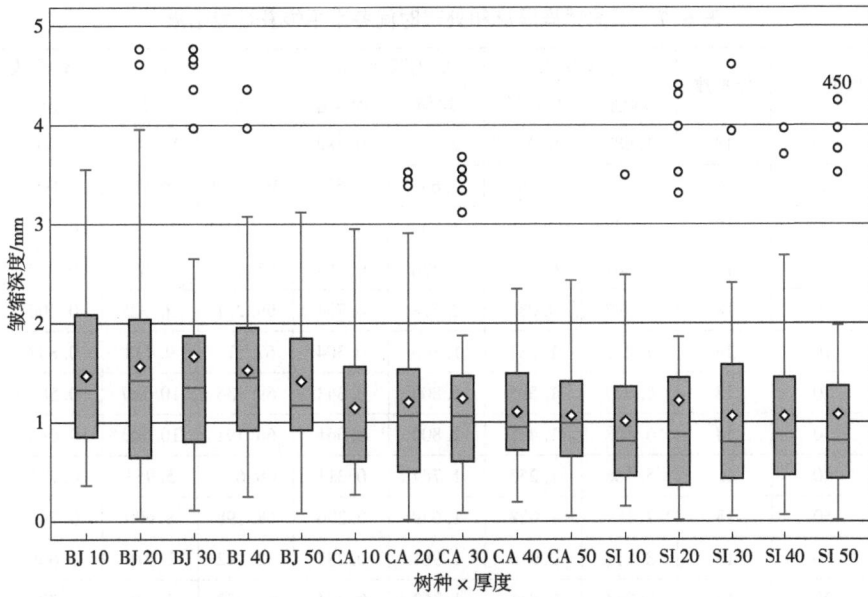

图 6-5 不同树种各试样厚度皱缩深度变化

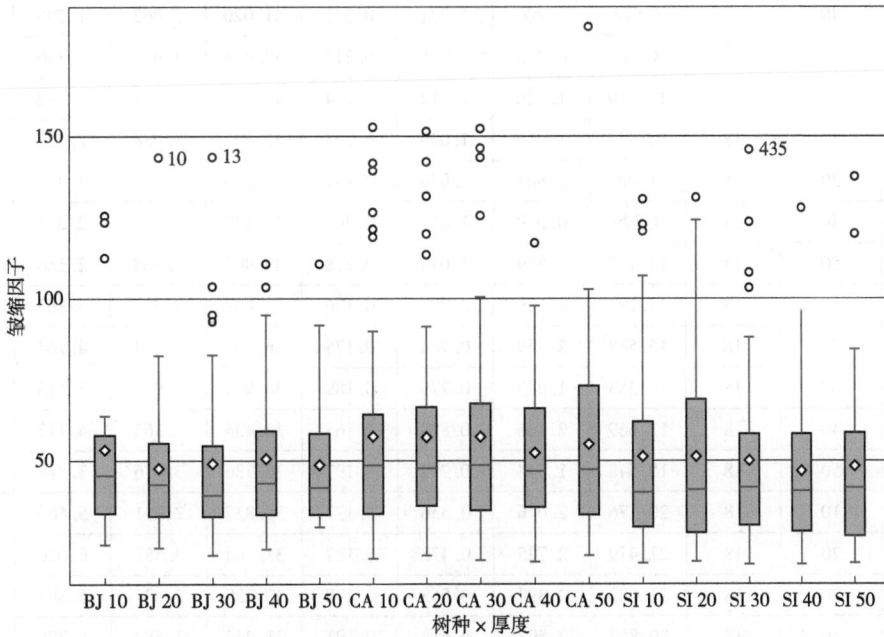

图 6-6 不同树种各试样厚度皱缩因子变化

由表 6-7 可知不同试样厚度与处理时间对各水平恢复性能结果，随着厚度增加，含水率、皱缩深度、皱缩因子、体积收缩率变化明显。同一厚度情况下，含水率，皱缩深度，皱缩因子及体积收缩率均无明显规律。

由干试样厚度与处理时间的交互作用对各指标均影响显著，所以根据表 6-7 作图 6-7~图 6-10，以便于更进一步分析。

表 6-7 不同试样厚度和处理时间各水平恢复性能结果

时间/h	厚度/mm	样本数	含水率/%		皱缩深度/mm		皱缩因子		体积收缩率/%	
			均值	标准差	均值	标准差	均值	标准差	均值	标准差
0	10	18	1.687	0.088	2.580	0.482	122.865	12.977	0.000	0.000
0	20	18	1.687	0.088	3.683	0.631	109.274	26.001	0.000	0.000
0	30	18	1.687	0.088	3.558	0.987	112.680	24.141	0.000	0.000
0	40	18	1.687	0.088	2.778	0.764	95.797	12.397	0.000	0.000
0	50	18	1.687	0.088	2.778	0.734	99.221	26.325	0.000	0.000
2	10	18	7.258	1.681	1.846	0.304	67.578	9.438	0.887	0.394
2	20	18	6.625	1.595	1.809	0.343	69.136	10.187	0.582	0.372
2	30	18	6.868	1.438	1.800	0.361	66.791	10.743	0.693	0.302
2	40	18	5.766	1.255	1.787	0.311	66.657	5.953	0.775	0.210
2	50	18	7.189	1.028	1.649	0.296	68.198	8.600	0.745	0.317
4	10	18	8.814	0.910	1.381	0.283	52.192	3.916	1.606	0.364
4	20	18	8.944	0.811	1.362	0.274	51.432	3.746	1.706	0.249
4	30	18	8.767	0.966	1.350	0.246	51.612	3.602	1.812	0.209
4	40	18	8.674	0.800	1.331	0.255	51.020	3.062	1.795	0.252
4	50	18	8.793	0.712	1.294	0.213	50.453	3.921	1.836	0.449
6	10	18	10.610	1.426	1.012	0.244	44.942	3.269	2.532	0.418
6	20	18	10.577	1.469	1.099	0.223	43.892	3.088	2.426	0.310
6	30	18	11.087	1.801	1.058	0.241	43.540	4.170	2.417	0.300
6	40	18	9.896	0.959	1.059	0.249	43.440	3.194	2.201	0.216
6	50	18	11.155	1.579	1.014	0.218	43.907	2.967	2.586	0.509
8	10	18	15.297	1.959	0.780	0.176	37.432	2.312	3.863	0.740
8	20	18	16.563	2.359	0.784	0.175	36.466	3.623	4.164	0.609
8	30	18	16.353	1.963	0.779	0.189	36.911	2.975	3.515	0.534
8	40	18	17.669	2.166	0.828	0.161	38.436	2.565	4.112	0.686
8	50	18	15.548	1.544	0.792	0.197	36.736	3.476	3.717	0.604
10	10	18	20.376	2.076	0.556	0.177	30.837	2.991	5.603	0.904
10	20	18	21.479	2.725	0.478	0.137	31.405	3.557	6.026	0.790
10	30	18	21.082	2.394	0.563	0.178	30.738	2.835	5.894	0.895
10	40	18	20.857	2.507	0.613	0.191	31.247	3.582	6.708	3.109
10	50	18	20.628	2.335	0.619	0.234	30.215	3.256	8.965	6.082
12	10	18	33.166	11.004	0.299	0.091	23.113	3.082	8.273	3.242
12	20	18	29.565	4.979	0.148	0.122	23.971	3.631	8.770	2.218
12	30	18	35.820	7.885	0.152	0.084	22.767	2.290	8.896	2.349
12	40	18	40.997	10.395	0.236	0.117	23.697	3.989	7.896	1.348
12	50	18	52.252	14.701	0.149	0.097	25.420	3.998	14.434	7.944

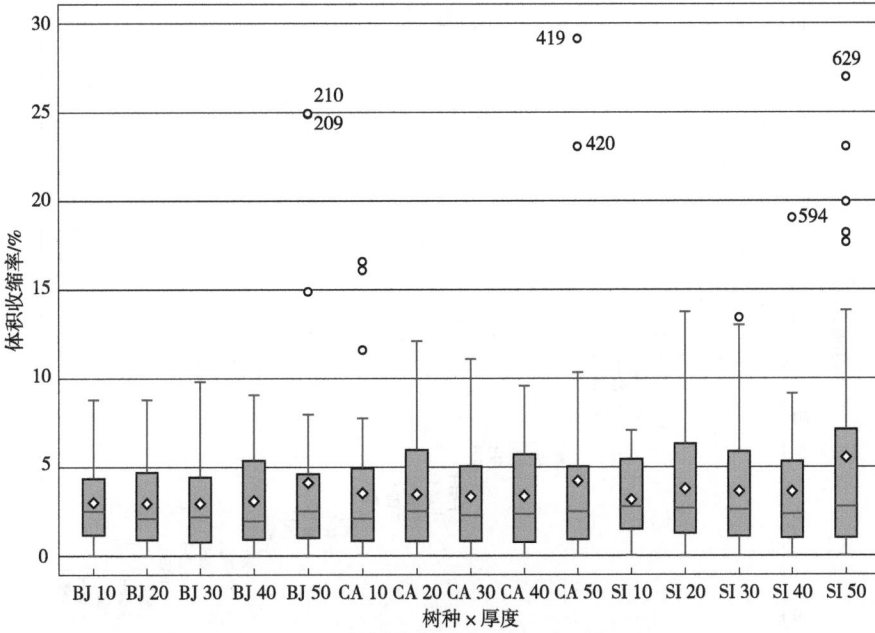

图6-7　不同树种各试样厚度体积收缩率变化

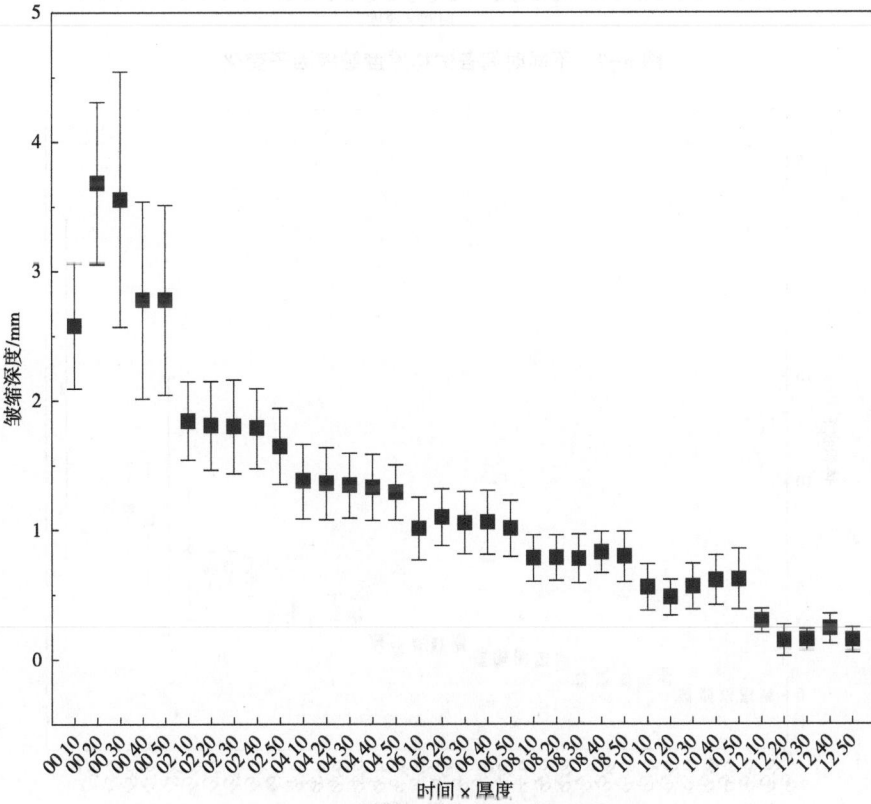

图6-8　不同时间各试样厚度皱缩深度变化

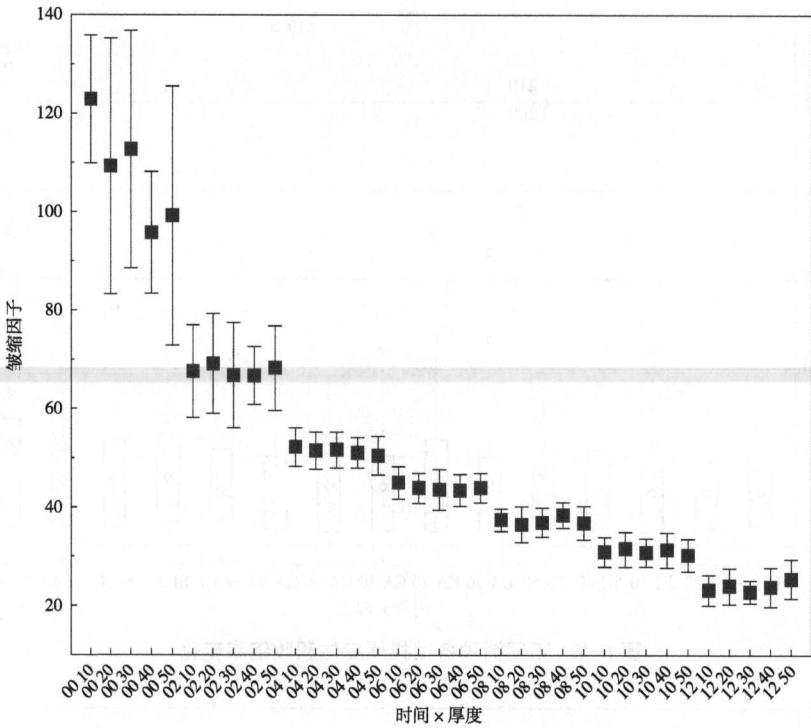

图 6-9　不同时间各试样厚度皱缩因子变化

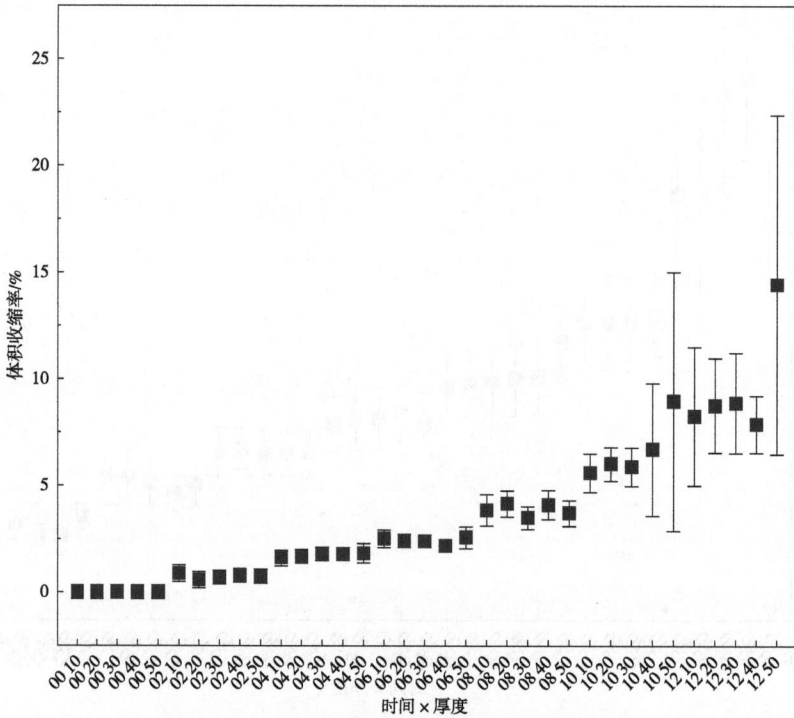

图 6-10　不同时间各试样厚度体积收缩率变化

6.1.2.2 不同树种皱缩性能分析

下面剔除树种因素，分别对北京杨、加拿大杨和小叶杨的不同因素各水平对含水率、皱缩深度、皱缩因子和体积收缩率进行分析，得到以下结果。

（1）北京杨的分析结果如下。

根据表6-8数据统计结果可以看出，建立的GLM模型，经检验，置信度都在0.01以下，所以拟合的模型是合理的。一般线性模型拟合度的计算结果分析，可以看到数据分析的结果是独立变量含水率、皱缩深度、皱缩因子和体积收缩率3项指标均非常显著。

表6-8 北京杨的一般线性模型拟合度分析结果

变量	自由度	样本数	平方和	均方	F值	置信度
含水率	34	210	32021.69096	941.81444	51.11	<0.0001
皱缩深度	34	210	219.9081314	6.4678862	143.86	<0.0001
皱缩因子	34	210	112882.9147	3320.0857	65.87	<0.0001
体积收缩率	34	210	2131.411332	62.688569	31.12	<0.0001

根据表6-9统计分析结果可知，时间对含水率、皱缩深度、皱缩因子和体积收缩率均有非常显著的影响。厚度对含水率影响一般显著，对皱缩深度、皱缩因子和体积收缩率均有非常显著的影响。时间与厚度的交互影响因素对含水率、皱缩深度、皱缩因子和体积收缩率均有非常显著的影响。

表6-9 不同因素对北京杨的恢复性能显著性结果

因素	自由度	样本数	含水率	皱缩深度	皱缩因子	体积收缩率
时间	6	210	***	***	***	***
厚度	4	210	*	***	***	***
时间×厚度	24	210	***	***	***	***

注：* 表示 $p<0.05$ 水平下，结果显著；*** 表示 $p<0.001$ 水平下，结果显著。

由表6-10和图6-11~图6-13可知，不同处理时间的影响中，随着时间的增加，含水率得到逐渐提高，12 h处理后，含水率达到最大值41.146%。其余各水平含水率变化均非常显著。随着时间的增加，皱缩深度逐渐减小，由初始的3.539 mm，经过12 h后减小到0.271 mm，各水平差异十分显著。随着处理时间的增加，皱缩因子逐渐减小，由初始的98.656减小到12 h处理后的26.716，各水平差异十分显著。随着处理时间的增加，试样的体积收缩率呈逐渐增大的趋势，各水平差异非常显著。在不同试样厚度的影响中，随着试样厚度的增大，含水率没有明显变化；皱缩深度各水平差异较显著；皱缩因子的各厚度水平差异不明显；体积收缩率各水平差异不显著。

表 6-10　北京杨不同因素各水平皱缩恢复指标显著性比较

因素		样本数	含水率/%	皱缩深度/mm	皱缩因子	体积收缩率/%
时间	0 h	30	1.690E	3.539A	98.656A	0.000F
	2 h	30	8.134D	2.145B	51.809B	0.656EF
	4 h	30	9.606D	1.667C	49.944C	1.612DE
	6 h	30	11.072D	1.319D	42.633D	2.259D
	8 h	30	17.348C	1.011E	36.472E	3.581C
	10 h	30	22.865B	0.759F	32.359E	5.209B
	12 h	30	41.146A	0.271G	26.716F	9.213A
厚度	10 mm	30	15.480A	1.470BC	53.119A	2.989B
	20 mm	30	15.228A	1.586AB	47.852B	2.959B
	30 mm	30	15.775A	1.659A	48.950AB	2.913B
	40 mm	30	15.717A	1.525BC	50.476AB	3.101B
	50 mm	30	17.708A	1.410C	48.596B	4.131A

注：相同的大写字母表示在 Tukey's 检验中，在 $p > 0.05$ 水平下，结果不显著。

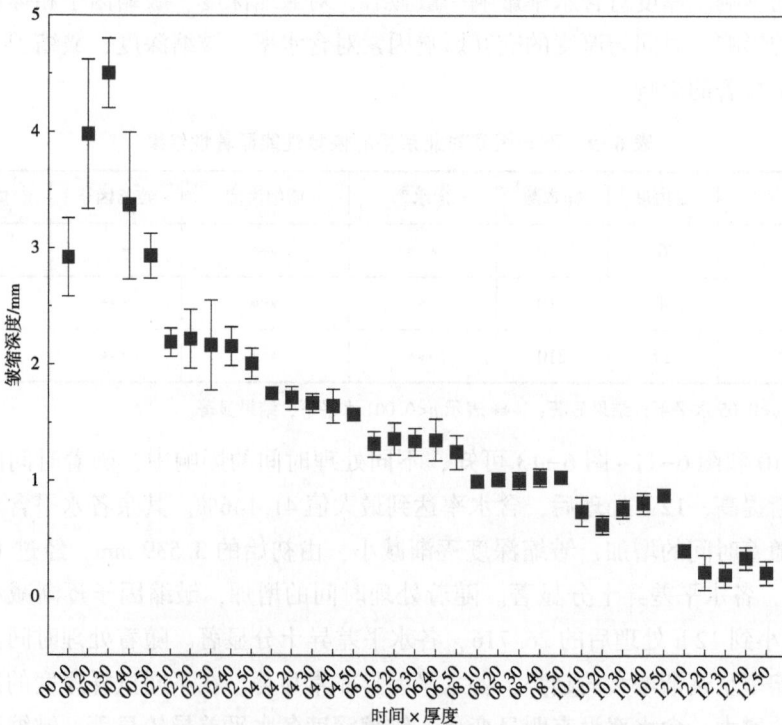

图 6-11　北京杨不同处理时间各试样厚度皱缩深度变化

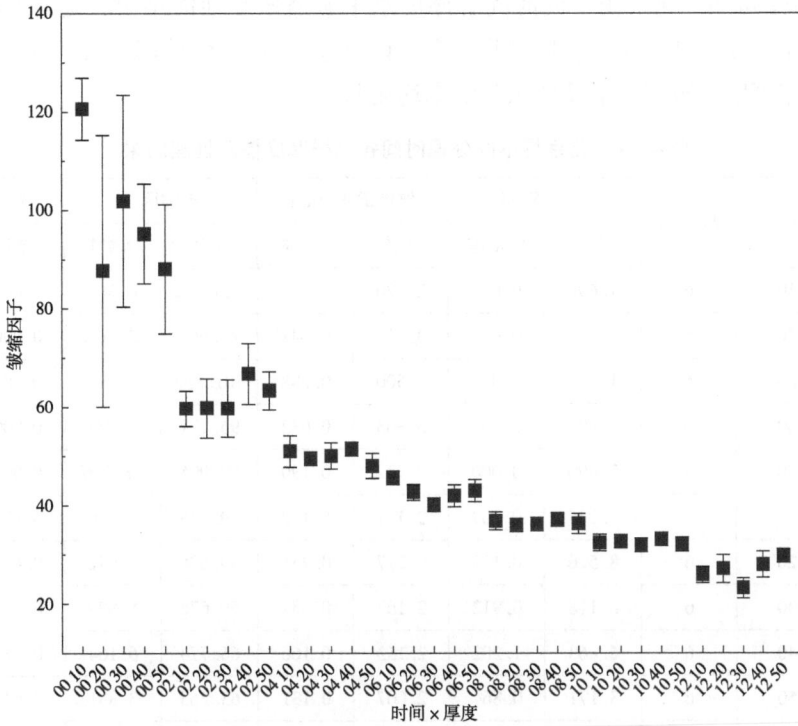

图 6-12 北京杨不同处理时间各试样厚度皱缩因子变化

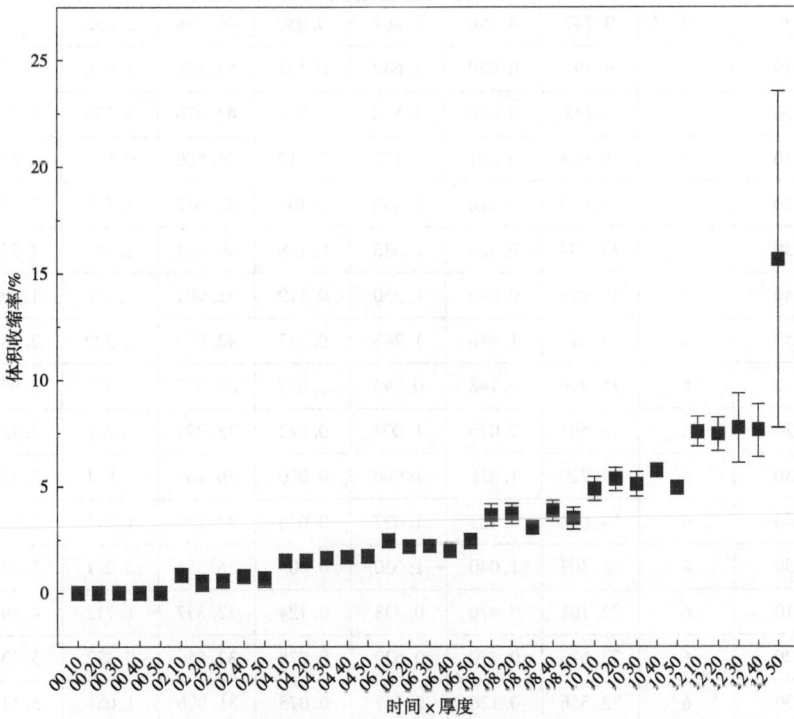

图 6-13 北京杨不同处理时间各试样厚度体积收缩率变化

由表 6-11 可知，北京杨不同时间各厚度水平皱缩恢复性能结果，随着时间的增加，含水率、皱缩深度、皱缩因子、体积收缩率变化明显。同一时间情况下，不同厚度试样的含水率、皱缩深度、皱缩因子及体积收缩率均无明显规律。

表 6-11　北京杨不同处理时间各试样厚度恢复性能结果

时间/h	厚度/mm	样本数	含水率/%		皱缩深度/mm		皱缩因子		体积收缩率/%	
			均值	标准差	均值	标准差	均值	标准差	均值	标准差
0	10	6	1.690	0.000	2.920	0.337	120.592	6.361	0.000	0.000
0	20	6	1.690	0.000	3.978	0.641	87.665	27.624	0.000	0.000
0	30	6	1.690	0.000	4.500	0.298	101.852	21.573	0.000	0.000
0	40	6	1.690	0.000	3.363	0.632	95.177	10.198	0.000	0.000
0	50	6	1.690	0.000	2.932	0.190	87.995	13.136	0.000	0.000
2	10	6	9.037	0.109	2.187	0.122	59.648	3.640	0.829	0.282
2	20	6	8.526	0.113	2.217	0.251	59.686	6.042	0.479	0.373
2	30	6	8.118	0.912	2.163	0.387	59.676	5.890	0.554	0.293
2	40	6	6.863	1.202	2.153	0.166	66.774	6.164	0.776	0.166
2	50	6	8.171	0.864	2.007	0.131	63.263	3.881	0.645	0.355
4	10	6	9.569	0.291	1.747	0.057	50.975	3.203	1.491	0.242
4	20	6	9.781	0.299	1.710	0.097	49.374	0.852	1.528	0.043
4	30	6	9.747	0.390	1.667	0.080	49.988	2.682	1.653	0.156
4	40	6	9.492	0.020	1.642	0.142	51.408	1.056	1.677	0.130
4	50	6	9.443	0.068	1.568	0.063	47.976	2.594	1.711	0.189
6	10	6	10.668	0.621	1.312	0.112	45.580	0.618	2.458	0.182
6	20	6	10.679	0.610	1.358	0.140	42.641	1.623	2.179	0.236
6	30	6	11.194	0.426	1.333	0.118	40.064	1.300	2.224	0.276
6	40	6	10.993	0.345	1.350	0.179	41.901	2.179	1.982	0.105
6	50	6	11.827	1.446	1.243	0.147	42.979	2.309	2.450	0.354
8	10	6	15.496	0.748	0.993	0.057	36.802	1.832	3.675	0.513
8	20	6	18.503	2.073	1.003	0.042	35.984	1.289	3.737	0.473
8	30	6	17.729	1.856	1.000	0.070	36.169	0.871	3.101	0.217
8	40	6	19.608	0.483	1.027	0.076	37.122	1.215	3.870	0.481
8	50	6	15.403	1.040	1.030	0.009	36.284	2.071	3.521	0.506
10	10	6	22.101	0.470	0.738	0.124	32.397	1.712	4.894	0.567
10	20	6	23.696	0.770	0.622	0.078	32.556	0.422	5.334	0.543
10	30	6	23.556	0.126	0.757	0.075	31.806	1.051	5.115	0.578

（续）

时间/h	厚度/mm	样本数	含水率/%		皱缩深度/mm		皱缩因子		体积收缩率/%	
			均值	标准差	均值	标准差	均值	标准差	均值	标准差
10	40	6	22.261	0.580	0.807	0.088	33.033	0.756	5.765	0.314
10	50	6	22.710	1.718	0.873	0.054	32.002	1.461	4.938	0.292
12	10	6	39.795	10.543	0.397	0.041	25.838	1.658	7.579	0.709
12	20	6	33.724	3.159	0.213	0.150	27.060	2.820	7.453	0.776
12	30	6	38.388	8.667	0.193	0.107	23.094	2.070	7.747	1.633
12	40	6	39.113	8.777	0.337	0.096	27.918	2.647	7.635	1.241
12	50	6	54.711	18.747	0.213	0.104	29.672	0.121	15.650	7.883

（2）加拿大杨的分析结果如下。

根据表6-12数据统计结果可以看出，建立的GLM模型，经检验，置信度都在0.01以下，所以拟合的模型是合理的。一般线性模型拟合度的计算结果分析，可以看到数据分析的结果是独立变量含水率、皱缩深度、皱缩因子和体积收缩率4项指标均非常显著。

表6-12　加拿大杨的一般线性模型拟合度分析结果

变量	自由度	样本数	平方和	均方	F值	置信度
含水率	34	210	27964.97046	822.49913	40.68	<0.0001
皱缩深度	34	210	126.1885157	3.7114269	182.87	<0.0001
皱缩因子	34	210	190886.2706	5614.3021	63.04	<0.0001
体积收缩率	34	210	2649.102162	77.914769	25.34	<0.0001

根据表6-13统计分析结果可知，时间对含水率、皱缩深度、皱缩因子和体积收缩率均有非常显著的影响。厚度对含水率和体积收缩率影响不显著，对皱缩深度有非常显著的影响，对皱缩因子有显著的影响；时间与厚度的交互影响因素对含水率影响不显著，对皱缩深度和体积收缩率均有非常显著的影响，对皱缩因子影响显著。

表6-13　不同因素对加拿大杨的恢复性能显著性结果

因素	自由度	样本数	含水率	皱缩深度	皱缩因子	体积收缩率
时间	6	210	***	***	***	***
厚度	4	210	/	***	**	/
时间×厚度	24	210	/	***	**	***

注：** 表示 $p<0.01$ 水平下，结果显著；*** 表示 $p<0.001$ 水平下，结果显著；/ 表示 $p>0.05$ 水平下，结果不显著。

由表6-14结果可知，不同处理时间的影响中，随着时间的增加，含水率得到逐渐提高，12 h 处理后，含水率达到最大值 38.745%。其余各水平含水率变化均非常显著。随着时间的增加，皱缩深度逐渐减小，由初始的 2.670 mm，经过 12 h 后减小到 0.204 mm，各水平差异十分显著。随着处理时间的增加，皱缩因子逐渐减小，由初始的 119.194 减小到 12 h 处理后的 23.983，各水平差异十分显著。随着处理时间的增加，试样的体积收缩率呈逐渐增大的趋势，各水平差异非常显著。在不同试样厚度的影响中，随着试样厚度的增大，含水率没有明显变化；皱缩深度随厚度增大逐渐增大而后减小，各水平差异较显著；皱缩因子和体积收缩率各水平差异不显著。

表 6-14　加拿大杨不同因素各水平皱缩恢复指标显著性比较

因素		样本数	含水率/%	皱缩深度/mm	皱缩因子	体积收缩率/%
时间	0 h	30	1.790F	2.670A	119.194A	0.000F
	2 h	30	6.391E	1.620B	74.110B	0.661EF
	4 h	30	9.020DE	1.249C	54.438C	1.619DE
	6 h	30	11.427D	0.993D	47.588C	2.372D
	8 h	30	16.904C	0.767E	40.164D	3.832C
	10 h	30	21.623B	0.572F	33.040D	5.894B
	12 h	30	38.745A	0.204G	23.983E	10.708A
厚度	10 mm	30	14.999A	1.145BC	57.700A	3.546A
	20 mm	30	14.052A	1.203AB	57.447A	3.440A
	30 mm	30	15.078A	1.249A	57.604A	3.388A
	40 mm	30	15.638A	1.108C	52.241A	3.363A
	50 mm	30	15.877A	1.063C	55.377A	4.181A

注：相同的大写字母表示在 Tukey's 检验中，在 $p>0.05$ 水平下，结果不显著。

由表 6-15 和图 6-14~图 6-16 可知，加拿大杨不同时间各厚度水平皱缩恢复性能结果，随着时间的增加，含水率、皱缩深度、皱缩因子、体积收缩率变化明显。同一时间情况下，不同厚度试样的含水率、皱缩深度、皱缩因子及体积收缩率均无明显规律。

表 6-15　加拿大杨不同处理时间各试样厚度恢复性能结果

时间/h	厚度/mm	样本数	含水率/%		皱缩深度/mm		皱缩因子		体积收缩率/%	
			均值	标准差	均值	标准差	均值	标准差	均值	标准差
0	10	6	1.790	0.000	2.439	0.357	133.406	13.241	0.000	0.000
0	20	6	1.790	0.000	3.153	0.497	124.875	21.672	0.000	0.000
0	30	6	1.790	0.000	3.371	0.232	127.060	24.518	0.000	0.000
0	40	6	1.790	0.000	2.231	0.105	99.227	8.834	0.000	0.000
0	50	6	1.790	0.000	2.156	0.199	111.401	35.545	0.000	0.000

（续）

时间/h	厚度/mm	样本数	含水率/%		皱缩深度/mm		皱缩因子		体积收缩率/%	
			均值	标准差	均值	标准差	均值	标准差	均值	标准差
2	10	6	7.167	1.005	1.771	0.181	72.587	9.937	0.610	0.391
2	20	6	5.595	1.068	1.577	0.039	74.654	10.222	0.552	0.286
2	30	6	6.622	1.420	1.622	0.192	77.441	10.095	0.711	0.132
2	40	6	5.444	0.857	1.620	0.095	68.785	4.750	0.648	0.218
2	50	6	7.128	0.611	1.511	0.111	77.086	7.218	0.783	0.298
4	10	6	9.239	0.190	1.288	0.037	55.528	2.876	1.412	0.361
4	20	6	9.077	0.324	1.261	0.071	55.284	2.405	1.632	0.290
4	30	6	8.923	0.465	1.241	0.075	54.041	3.844	1.742	0.146
4	40	6	8.829	0.374	1.258	0.089	53.048	1.742	1.698	0.326
4	50	6	9.031	0.321	1.199	0.041	54.289	3.622	1.612	0.419
6	10	6	11.299	2.012	0.922	0.127	47.947	2.003	2.217	0.154
6	20	6	11.595	1.602	1.061	0.055	47.595	1.366	2.452	0.299
6	30	6	12.567	1.725	1.033	0.097	48.735	1.134	2.351	0.201
6	40	6	9.852	0.210	0.962	0.112	46.773	1.545	2.354	0.139
6	50	6	11.821	1.423	0.990	0.123	46.888	1.655	2.484	0.317
8	10	6	16.258	2.387	0.754	0.036	39.071	2.144	3.672	0.598
8	20	6	16.727	1.055	0.741	0.024	40.340	2.759	4.030	0.476
8	30	6	16.752	1.545	0.766	0.029	39.965	2.755	3.525	0.644
8	40	6	18.311	0.532	0.795	0.012	41.271	1.982	3.770	0.785
8	50	6	16.475	1.588	0.779	0.030	40.175	2.450	4.164	0.549
10	10	6	20.792	2.179	0.544	0.092	32.395	1.894	5.725	0.952
10	20	6	22.620	1.625	0.468	0.066	34.730	1.500	6.018	0.622
10	30	6	21.465	1.068	0.565	0.064	32.133	3.141	6.172	1.001
10	40	6	22.201	2.590	0.639	0.075	33.718	2.790	6.294	0.719
10	50	6	21.035	1.474	0.644	0.054	32.225	1.893	5.259	0.346
12	10	6	38.447	6.592	0.301	0.038	22.966	2.957	11.190	4.283
12	20	6	30.957	3.665	0.161	0.114	24.654	2.669	9.393	1.432
12	30	6	37.426	9.460	0.145	0.078	23.853	2.446	9.212	1.536
12	40	6	43.042	16.651	0.251	0.068	22.866	2.750	8.779	0.561
12	50	6	43.857	15.397	0.164	0.079	25.574	2.475	14.967	8.860

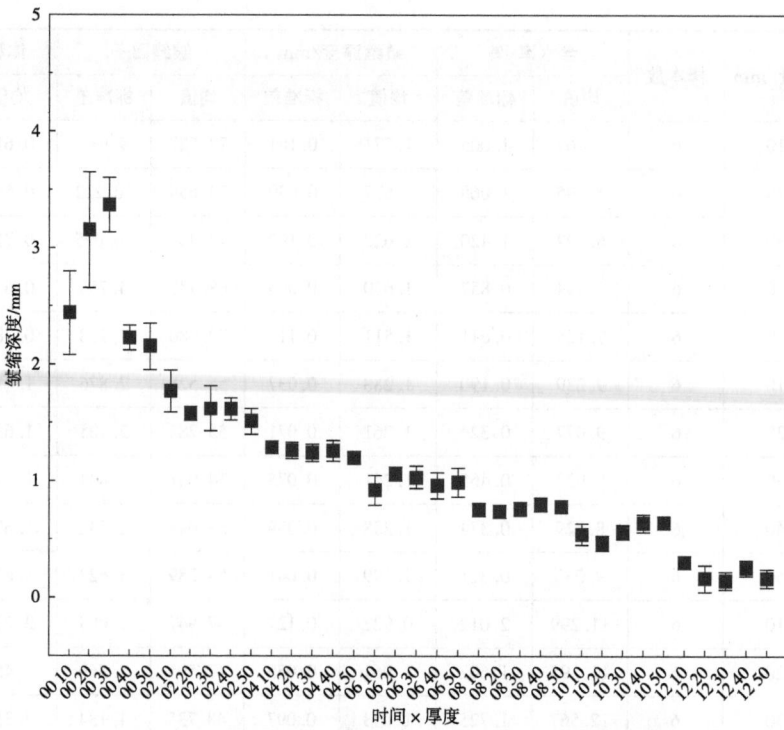

图 6-14 加拿大杨不同处理时间各试样厚度皱缩深度变化

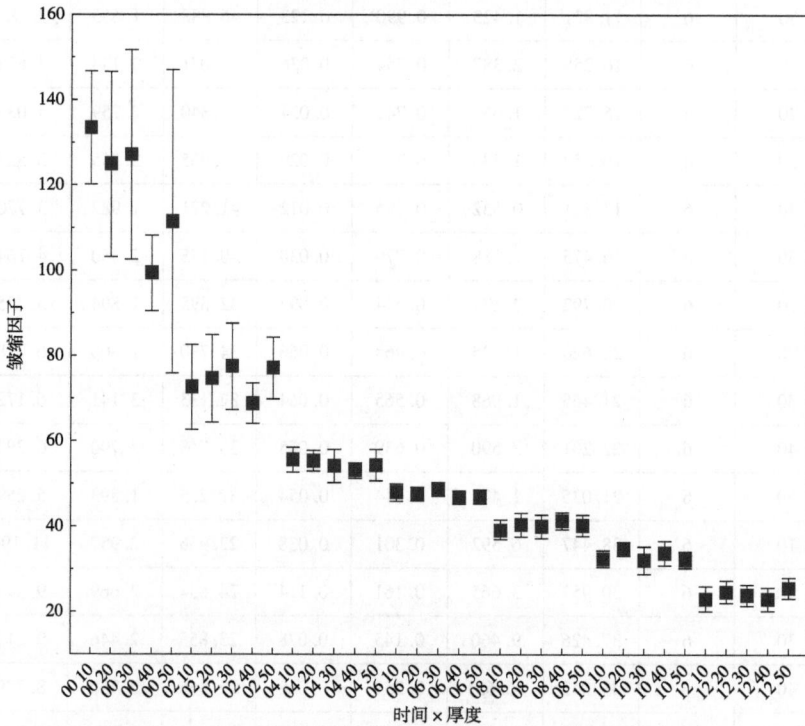

图 6-15 加拿大杨不同处理时间各试样厚度皱缩因子变化

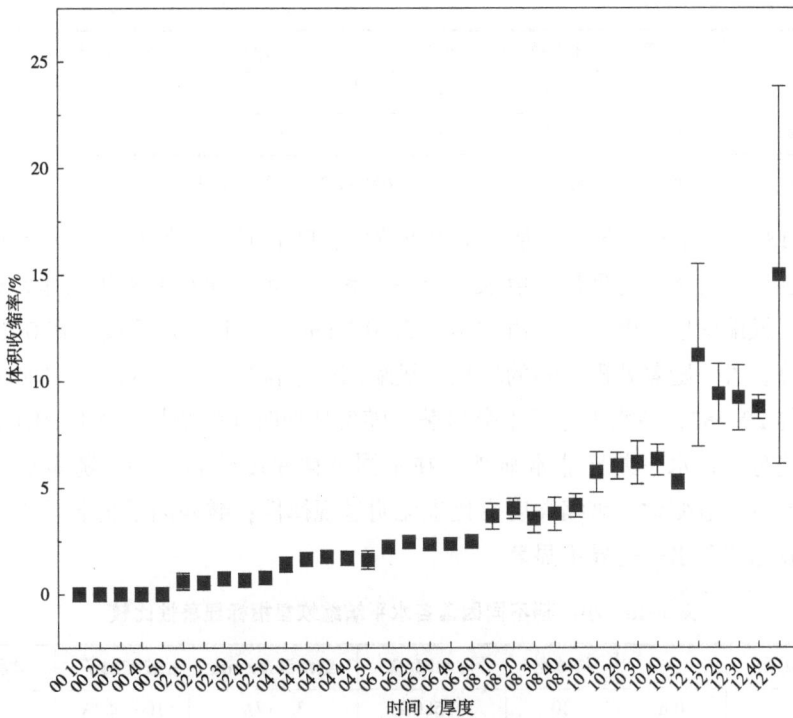

图 6-16　加拿大杨不同处理时间各试样厚度体积收缩率变化

(3)小叶杨的分析结果如下。

根据表 6-16 数据统计结果可以看出，建立的 GLM 模型，经检验，置信度都在 0.01 以下，所以拟合的模型是合理的。一般线性模型拟合度的计算结果分析，可以看到数据分析的结果是独立变量含水率、皱缩深度、皱缩因子和体积收缩率 4 项指标均非常显著。

表 6-16　小叶杨的一般线性模型拟合度分析结果

变量	自由度	样本数	平方和	均方	F 值	置信度
含水率	34	210	27710.23295	815.00685	466.56	<0.0001
皱缩深度	34	210	180.4206339	5.3064892	46.18	<0.0001
皱缩因子	34	210	156153.1777	4592.7405	75.78	<0.0001
体积收缩率	34	210	3043.503633	89.514813	21.67	<0.0001

根据表 6-17 统计分析结果可知，时间对含水率、皱缩深度、皱缩因子和体积收缩率均有非常显著的影响。厚度对含水率和体积收缩率有非常显著的影响，对皱缩深度、皱缩因子有显著的影响。处理时间与试样厚度的交互影响因素对含水率、皱缩深度和体积收缩率均有非常显著的影响，对皱缩因子有显著的影响。

表 6-17　不同因素对小叶杨的恢复性能显著性结果

因素	自由度	样本数	含水率	皱缩深度	皱缩因子	体积收缩率
时间	6	210	***	***	***	***

（续）

因素	自由度	样本数	含水率	皱缩深度	皱缩因子	体积收缩率
厚度	4	210	***	**	**	***
时间×厚度	24	210	***	***	**	***

注：** 表示 $p<0.01$ 水平下，结果显著；*** 表示 $p<0.001$ 水平下，结果显著。

由表 6-18 结果可知，不同处理时间的影响中，随着时间的增加，含水率得到逐渐提高，12 h 处理后，含水率达到最大值 35.188%。其余各水平含水率变化均非常显著。随着时间的增加，皱缩深度逐渐减小，由初始的 3.017 mm，经过 12 h 后减小到 0.115 mm，各水平差异十分显著。随着处理时间的增加，皱缩因子逐渐减小，由初始的 106.052 减小到 12 h 处理后的 20.682，各水平差异十分显著。随着处理时间的增加，试样的体积收缩率呈逐渐增大的趋势，各水平差异非常显著。在不同试样厚度的影响中，随着试样厚度的增大，含水率没有明显变化，皱缩深度变化也无明显规律性；皱缩因子的各厚度水平差异不明显；体积收缩率各水平差异不显著。

表 6-18 小叶杨不同因素各水平皱缩恢复指标显著性比较

因素		样本数	含水率/%	皱缩深度/mm	皱缩因子	体积收缩率/%
时间	0 h	30	1.580G	3.017A	106.052A	0.000E
	2 h	30	5.690F	1.569B	67.097B	0.892DE
	4 h	30	7.769E	1.114C	49.643C	0.022CD
	6 h	30	9.496D	0.833D	41.612D	0.667BC
	8 h	30	14.606C	0.601DE	34.952E	4.209B
	10 h	30	18.166B	0.366EF	27.267F	8.815A
	12 h	30	35.188A	0.115F	20.682G	9.041A
厚度	10 mm	30	11.182D	1.007B	51.592A	3.220B
	20 mm	30	11.623D	1.223A	51.376A	3.748B
	30 mm	30	12.718C	1.061AB	49.892A	3.653B
	40 mm	30	13.879B	1.066AB	47.410A	3.602B
	50 mm	30	16.666A	1.083AB	47.806A	5.524A

注：相同的大写字母表示在 Tukey's 检验中，在 $p>0.05$ 水平下，结果不显著。

由表 6-19 和图 6-17~图 6-19 可知，小叶杨不同时间各厚度水平皱缩恢复性能结果，随着时间的增加，含水率、皱缩深度、皱缩因子、体积收缩率变化明显。同一时间情况下，不同厚度试样的含水率、皱缩深度、皱缩因子及体积收缩率均无明显规律。

表 6-19 小叶杨不同处理时间各试样厚度恢复性能结果

时间/h	厚度/mm	样本数	含水率/%		皱缩深度/mm		皱缩因子		体积收缩率/%	
			均值	标准差	均值	标准差	均值	标准差	均值	标准差
0	10	6	1.580	0.000	2.381	0.583	114.597	11.627	0.000	0.000
0	20	6	1.580	0.000	3.917	0.432	115.283	13.037	0.000	0.000

（续）

时间/h	厚度/mm	样本数	含水率/%		皱缩深度/mm		皱缩因子		体积收缩率/%	
			均值	标准差	均值	标准差	均值	标准差	均值	标准差
0	30	6	1.580	0.000	2.804	1.174	109.127	22.606	0.000	0.000
0	40	6	1.580	0.000	2.738	0.896	92.987	17.789	0.000	0.000
0	50	6	1.580	0.000	3.246	1.002	98.269	24.288	0.000	0.000
2	10	6	5.570	1.166	1.581	0.191	70.499	8.665	1.222	0.256
2	20	6	5.755	0.990	1.633	0.187	73.069	7.039	0.715	0.464
2	30	6	5.866	1.017	1.614	0.136	63.257	6.630	0.813	0.407
2	40	6	4.992	0.942	1.588	0.223	64.414	6.959	0.902	0.190
2	50	6	6.266	0.538	1.431	0.188	64.245	6.447	0.808	0.329
4	10	6	7.633	0.343	1.108	0.082	50.073	3.619	1.915	0.292
4	20	6	7.974	0.229	1.114	0.098	49.636	3.800	1.959	0.058
4	30	6	7.630	0.266	1.142	0.084	50.807	3.335	2.040	0.069
4	40	6	7.702	0.264	1.092	0.055	48.604	3.950	2.009	0.095
4	50	6	7.904	0.305	1.114	0.091	49.093	2.276	2.185	0.498
6	10	6	9.862	1.113	0.804	0.065	41.299	2.167	2.922	0.477
6	20	6	9.456	1.278	0.877	0.062	41.440	1.539	2.648	0.218
6	30	6	9.501	1.488	0.809	0.090	41.822	2.393	2.677	0.241
6	40	6	8.843	0.430	0.865	0.086	41.647	2.743	2.265	0.194
6	50	6	9.817	1.069	0.809	0.104	41.853	2.258	2.824	0.743
8	10	6	14.138	2.004	0.593	0.061	36.424	2.304	4.242	0.991
8	20	6	14.459	1.909	0.608	0.068	33.075	1.807	4.724	0.441
8	30	6	14.578	1.013	0.571	0.068	34.599	1.865	3.919	0.326
8	40	6	15.090	1.562	0.662	0.016	36.915	1.572	4.695	0.366
8	50	6	14.765	1.647	0.568	0.053	33.750	2.377	3.466	0.566
10	10	6	18.235	0.633	0.386	0.089	27.718	2.530	6.190	0.717
10	20	6	18.121	1.008	0.343	0.084	26.928	1.296	6.725	0.529
10	30	6	18.226	1.011	0.367	0.082	28.276	2.319	6.394	0.516
10	40	6	18.109	0.849	0.392	0.076	26.992	1.543	8.067	5.363
10	50	6	18.138	0.758	0.341	0.098	26.418	2.082	16.698	4.226
12	10	6	21.255	0.773	0.199	0.037	20.536	1.976	6.049	0.415
12	20	6	24.012	0.899	0.070	0.047	20.199	0.818	9.465	3.308
12	30	6	31.647	3.856	0.117	0.053	21.354	1.902	9.730	3.348
12	40	6	40.835	1.949	0.121	0.068	20.308	1.880	7.275	1.686
12	50	6	58.189	3.482	0.069	0.049	21.014	1.783	12.685	8.253

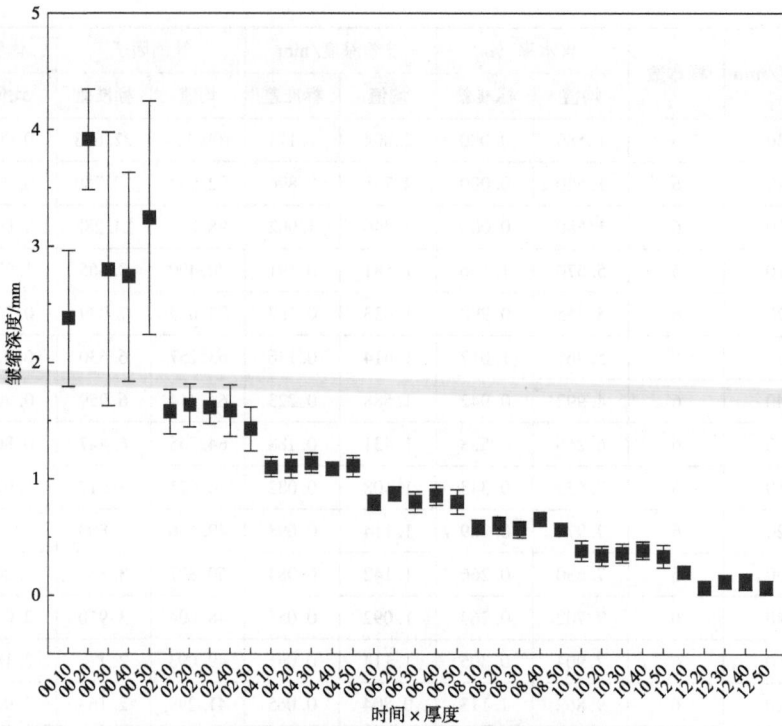

图 6-17　小叶杨不同处理时间各试样厚度皱缩深度变化

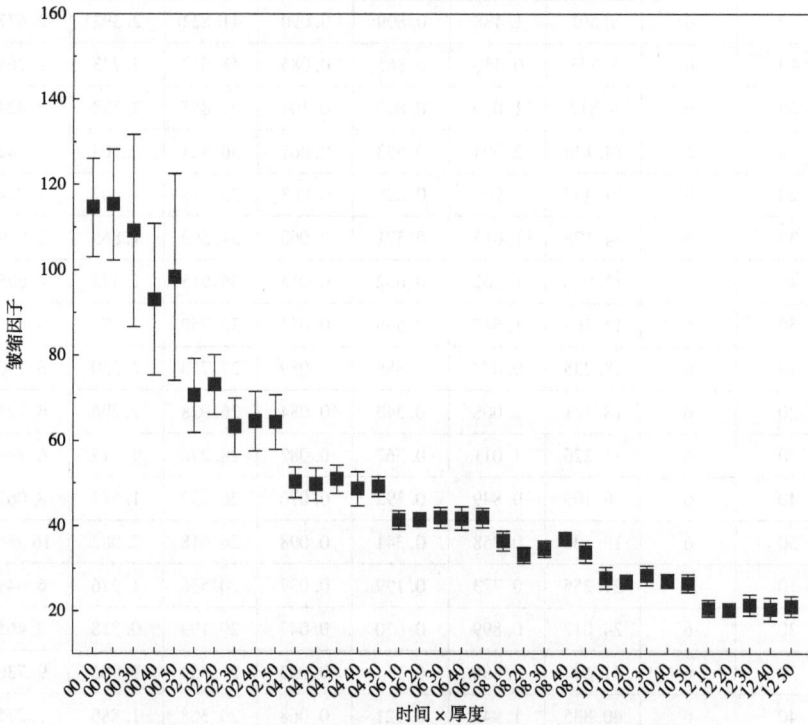

图 6-18　小叶杨不同处理时间各试样厚度皱缩因子变化

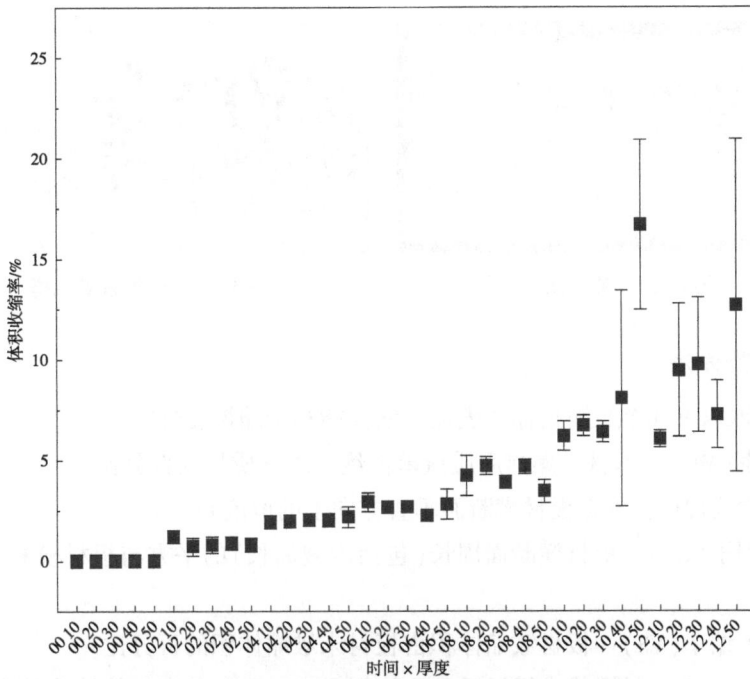

图 6-19 小叶杨不同时间各试样厚度体积收缩率变化

6.2 不同位置杨木干缩及恢复性能研究

本章试验以杨木为研究对象，对比分析杨木在不同纵向高度、不同横向心边位置的干缩性能和变形恢复性能。

6.2.1 试验材料和方法

6.2.1.1 试验材料

北京杨，具体情况见 5.1。

6.2.1.2 试验试样

本试验用试样如图 6-20~图 6-22 所示。

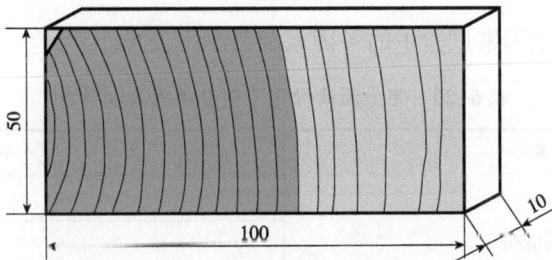

图 6-20 干缩及恢复性能试样示意(单位：mm)

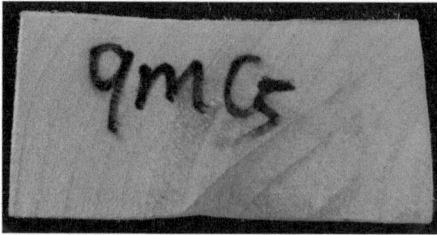

图 6-21 皱缩试样

图 6-22 皱缩恢复试样

6.2.1.3 试验方法

试验中选取以下几个皱缩指标，表征干缩性能和干缩恢复性能。

(1)含水率(MC)：木材干燥前后质量差占绝干木材质量的百分比。

(2)皱缩深度(H)：干燥板材横断面垂直方向上的厚度差。

(3)皱缩因子(CF)：板材横断面周长(包括内裂周长)的平方与板材横断面面积(去除内裂)的比值。

(4)体积干缩率(VS)：板材皱缩体积占板材未皱缩体积的百分比。

将试验用原木经制材锯截成板材后，取纹理通直、无变色腐朽等缺陷的生材板材用作试验材料。

将采伐到的北京杨生材原木锯解成 50 mm 厚的板材后，挑选纹理通直、无节无腐的部分，按照高度位置，分别挑选心材板、心边交界材板和边材板。将选好的板材按照 0~10 m 位置，分别制备长×宽×厚为 100 mm×50 mm×10 mm 的试样，测量试样的质量、尺寸。

为了得到皱缩试样，以便于进一步采用合理工艺研究木材皱缩恢复性能，所以采用的干燥工艺较为剧烈。将小木片放入恒温鼓风干燥机中，设定温度为 103℃±2℃，烘至绝干，测量试样的质量并计算含水率，测量试样厚度、皱缩深度，采集试样横断面图像信息，用材料综合分析系统 Structure 5.0 软件处理得到的图像信息，得到横截面面积和周长，计算得到皱缩因子和体积收缩率；然后将试样放入恒温恒湿箱中，保持温度 80℃，湿度 95%，经过一定时间得到变形恢复试样，测量其含水率、皱缩深度、皱缩因子和体积收缩率变化。然后将变形恢复的木片放入干燥机中烘至绝干，测量皱缩深度、皱缩因子和体积收缩率变化。将采集的数据采用 SAS 9.3 统计软件拟合一般线性模型，采用方差分析得到分析结果。

表 6-20 列出了完全因素试验中的各因素及其水平安排。

表 6-20 完全因素优化工艺参数因素水平表

因素	水平
试样高度/m	0
	1
	2

（续）

因素	水平
试样高度/m	3
	4
	5
	6
	7
	8
	9
	10
心边位置	心材
	心边交界材
	边材
处理条件	生材
	绝干材
	汽蒸处理材
	再干材

6.2.2 结果与讨论

根据表 6-21 统计结果可以看出，建立的 GLM 模型，经检验，置信度都在 0.01 以下，所以，拟合的模型是合理的。一般线性模型拟合度的计算结果分析，可以看到数据分析的结果是含水率、皱缩因子、皱缩深度和体积收缩率 4 项指标均非常显著。

表 6-21 一般线性模型拟合度分析结果

变量	样本数	自由度	平方和	均方	F 值	置信度
含水率	990	98	2618843.047	26722.888	1486.13	<0.0001
皱缩因子	990	98	43785.7820	446.7937	7.84	<0.0001
皱缩深度	990	98	617.3724	6.2997	25.85	<0.0001
体积收缩率	990	98	63881.5472	651.8525	63.65	<0.0001

由表 6-22、表 6-23 可以看出，试样高度的不同水平，各指标显著性差异明显。心边位置的不同水平，各指标差异明显。处理条件的不同水平，各指标差异明显，由于生材初始状态不存在收缩，所以体积收缩率为 0，所以下面剔除试材处理条件后，在不同试材状态下分别对试材高度和心边材位置各水平对应各皱缩指标变化情况进行分析。

表6-22 不同因素对皱缩指标显著性结果

因素	样本数	自由度	含水率	皱缩深度	皱缩因子	体积收缩率
高度	990	12	***	***	***	***
心边位置	990	2	***	***	***	***
处理条件	990	2	***	***	***	***
高度×心边位置	990	21	***	***	***	***
高度×处理条件	990	24	***	***	***	***
心边位置×处理条件	990	4	***	***	***	***
高度×心边位置×处理条件	990	42	***	***	***	***

注：*** 表示在置信度 0.01 水平下显著。

表6-23 不同时间和试样厚度恢复性能比较

因素		样本数	含水率/%	皱缩深度/mm	皱缩因子	体积收缩率/%
高度	0 m	90	44.3514A	0.46156F	22.851B	11.9245AB
	1 m	90	39.2662C	1.06389AB	24.218B	12.2731A
	2 m	90	41.8455B	1.15567A	23.823B	11.0532ABC
	3 m	90	43.6845AB	0.99856ABC	23.172B	9.9114CD
	4 m	90	33.8661E	0.94189ABC	34.953A	9.9933CD
	5 m	90	37.3618CD	0.66822DEF	22.260B	10.2926CD
	6 m	90	36.8572D	0.51156F	23.267B	11.2679ABC
	7 m	90	38.7208CD	0.89622BCD	22.225B	11.3390ABC
	8 m	90	32.7656E	0.61444EF	21.935B	10.4660BCD
	9 m	90	39.1217C	0.80456CDE	21.788B	9.0127D
	10 m	90	37.5302CD	0.69389DEF	24.949B	9.3515D
心边位置	心材	330	44.5515A	1.08397A	25.9582A	11.5949A
	心边交界材	330	39.5146B	0.84518B	23.9322B	10.5909B
	边材	330	31.9442C	0.47370C	22.5023C	9.6919C
处理条件	生材	330	109.1009A	0.0000C	22.3639B	0.0000C
	绝干材	330	0.0000C	1.36964A	21.8130B	17.0197A
	汽蒸处理材	330	6.9094B	1.03321B	28.2157A	14.8581B

注：相同的大写字母表示在 Tukey's 检验中，在 $p>0.05$ 水平下，结果不显著。

6.2.2.1 生材的分析结果与讨论

根据表6-24统计分析结果，试材高度对含水率、皱缩因子2个指标影响均非常显著；心边位置的影响对含水率、皱缩因子2个指标影响均非常显著；试材高度与心边位置的交互作用，对含水率和皱缩因子2个指标影响显著。对获得数据做进一步分析，得到以下结果。

表6-24 生材状态下不同因素对恢复性能指标显著性结果

因素	样本数	自由度	含水率	皱缩因子
高度	330	10	***	***
心边位置	330	2	***	***
高度×心边位置	—	20	***	***

注：*** 表示在置信度0.01水平下显著。

根据表6-25可知，在试样高度影响中，最大含水率出现在0 m处，为127.697%，仅次于0 m含水率的位置是3 m处，含水率为124.739%，最小含水率位置出现在8 m处，为89.199%，与0 m处含水率相差36.540%，由此可以看出，含水率在整株树纵向分布不是均匀的，越偏往基部含水率越高。在高度影响中，皱缩因子的各个水平差异明显，但其差值很小，可以认为得到的结果差异性只是数学统计中的区别，在实际应用中的影响较小。在心边部位影响中，含水率心材明显大于边材，再次印证了杨树是湿心材的材性特征。心边位置不同，皱缩因子变化虽然显著，而数值的变化幅度很小，同样在实际应用中影响较小。

表6-25 生材状态下不同因素各水平恢复性能比较

因素		样本数	含水率/%	皱缩因子
高度	0 m	30	127.697A	22.22J
	1 m	30	112.352C	22.15K
	2 m	30	119.936B	22.37F
	3 m	30	124.739AB	22.43C
	4 m	30	95.840F	22.45B
	5 m	30	106.781CDE	22.42D
	6 m	30	103.884E	22.68A
	7 m	30	110.294CD	22.32G
	8 m	30	89.199G	22.41E
	9 m	30	106.270DE	22.27I
	10 m	30	103.117E	22.28H
心边位置	心材	110	126.4780A	22.32C
	心边交界材	110	111.2270B	22.35B
	边材	110	89.5976C	22.42A

注：相同的大写字母表示在Tukey's检验中，在$p>0.05$水平下，结果不显著。

根据表6-26作生材状态下含水率、皱缩因子变化图（图6-23、图6-24），进行对比分析。

表 6-26　生材状态下不同高度各水平恢复性能结果

高度/m	心边位置	样本数	含水率/%	皱缩因子
0	心材	10	149.783	22.259
	心边交界材	10	141.210	22.147
	边材	10	92.098	22.259
1	心材	10	118.677	22.110
	心边交界材	10	124.408	22.142
	边材	10	93.970	22.201
2	心材	10	148.481	22.413
	心边交界材	10	134.123	22.386
	边材	10	77.205	22.311
3	心材	10	142.101	22.335
	心边交界材	10	130.156	22.394
	边材	10	101.961	22.552
4	心材	10	129.600	22.290
	心边交界材	10	101.683	22.604
	边材	10	56.236	22.458
5	心材	10	128.484	22.299
	心边交界材	10	93.485	22.368
	边材	10	98.373	22.586
6	心材	10	115.968	22.732
	心边交界材	10	106.251	22.723
	边材	10	89.433	22.585
7	心材	10	118.410	22.383
	心边交界材	10	110.539	22.272
	边材	10	101.934	22.307
8	心材	10	110.629	22.440
	心边交界材	10	79.085	22.318
	边材	10	77.884	22.470
9	心材	10	119.231	22.111
	心边交界材	10	106.525	22.245
	边材	10	93.055	22.460
10	心材	10	109.894	22.128
	心边交界材	10	96.031	22.277
	边材	10	103.426	22.444

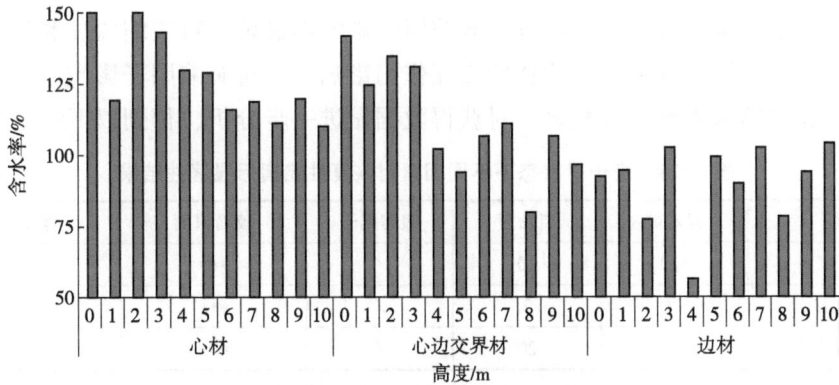

图 6-23 生材状态下不同高度各位置含水率变化

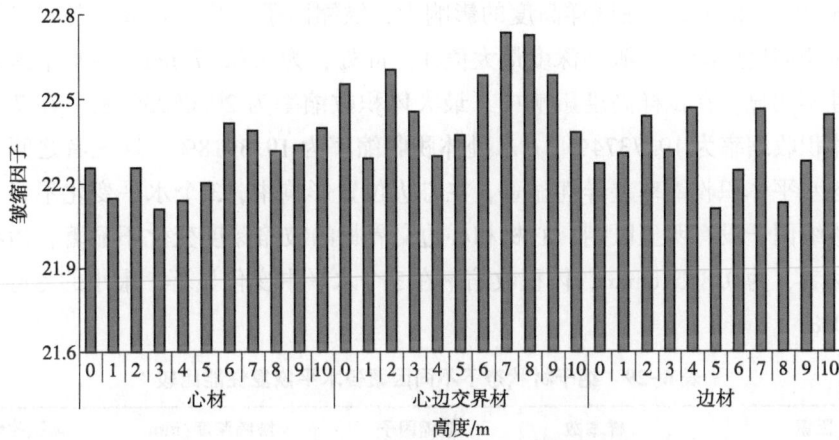

图 6-24 生材状态下不同高度各位置皱缩因子变化

根据图 6-23 可知，含水率随试样高度增加，呈现逐渐降低的趋势；同一高度位置，呈现出心材含水率大于边材含水率的趋势。而心边交界材含水率多数居于两者之间。

根据图 6-24 可知，皱缩因子随试样高度增加，呈现出先逐渐增大，后逐渐减小的趋势；在同一高度位置，心边位置的皱缩因子也没有明显的规律，样本中显示出的皱缩因子统计差异，实际应用中皱缩因子的差异影响较小。

6.2.2.2 绝干材的分析结果与讨论

根据表 6-27 统计结果可以看出，在绝干材状态下建立的 GLM 模型，经检验，皱缩因子影响不显著，皱缩深度和体积收缩率置信度都在 0.01 以下，拟合的模型是合理的。

表 6-27 绝干材状态下一般线性模型拟合度分析结果

变量	样本数	自由度	平方和	均方	F 值	置信度
皱缩因子	330	32	310.200095	9.693753	1.25	0.01
皱缩深度	330	32	161.9653164	5.0614161	10.46	<0.0001
体积收缩率	330	32	4583.988021	143.249626	20.00	<0.0001

根据表 6-28 统计分析结果，试样不同高度对皱缩因子影响不显著，对皱缩深度和体积收缩率影响非常显著；心边位置对皱缩因子影响不显著，对皱缩深度和体积收缩率影响非常显著；试样高度与心边位置的交互作用影响中，对皱缩因子影响不显著，对皱缩深度和体积收缩率影响非常显著。对获得数据做进一步分析，得到以下结果。

表 6-28　绝干材状态下不同因素对恢复性能指标显著性结果

因素	样本数	自由度	皱缩因子	皱缩深度	体积收缩率
高度	330	10	/	***	***
心边位置	330	2	/	***	***
高度×心边位置	—	20	/	***	***

注：*** 表示在置信度 0.01 水平下显著；/ 表示在置信度 0.10 水平下不显著。

由表 6-29 结果可知，在试样高度的影响中，皱缩因子影响不显著，各水平差异性非常小。在试样高度影响中，皱缩深度最大值在 1 m 处，为 2.0237 mm，各水平差异性较显著，规律性不明显。在试样高度影响中，最大体积收缩率为 20.6825% 发生在 7 m 处，另外 1 m 处体积收缩率为 19.7374%，6 m 处体积收缩率为 19.3918%，这三者之间变化不显著，其余各水平体积收缩率差异性显著。在心边位置影响中，3 个水平变化不显著，各水平对应的皱缩因子没有明显区别；心材和心边交界材的皱缩深度变化不显著，边材位置明显小于前两者，为 0.84518 mm；体积收缩率在 3 个水平中变化显著，最小的是心边交界材为 15.0260%。

表 6-29　绝干材状态下不同因素各水平恢复性能比较

因素		样本数	皱缩因子	皱缩深度/mm	体积收缩率/%
高度	0 m	30	19.992A	0.6347E	16.7522BC
	1 m	30	21.031A	2.0237A	19.7374A
	2 m	30	20.296A	1.8900AB	14.7783CD
	3 m	30	19.923A	1.5653ABC	16.3774BCD
	4 m	30	20.159A	1.6270ABC	15.8380BCD
	5 m	30	19.724A	1.1030CDE	16.7689BC
	6 m	30	20.470A	0.7987DE	19.3918A
	7 m	30	20.301A	1.4057BC	20.6825A
	8 m	30	19.672A	1.1383CDE	15.5152BCD
	9 m	30	20.201A	1.5460ABC	14.3225D
	10 m	30	21.476A	1.3337BCD	17.0525B
心边位置	心材	110	20.2914A	1.72009A	19.7006A
	心边交界材	110	20.2382A	1.54364A	16.3265B
	边材	110	20.3683A	0.84518B	15.0260C

注：相同的大写字母表示在 Tukey's 检验中，在 p>0.05 水平下，结果不显著。

根据表 6-30 作皱缩因子、皱缩深度、体积收缩率变化图(图 6-28~图 6-30),进行对比分析。

根据图 6-25 可知,皱缩因子随试样高度增加,变化幅度非常微小;在同一高度位置,心边位置的皱缩因子也没有明显的规律,样本中显示出的皱缩因子统计差异。

根据图 6-26 可知,皱缩深度随试样高度增加,变化幅度非常明显,变化的规律则不明显;在同一高度位置,多数样本显示心材的皱缩深度大于边材。

根据图 6-27 可知,体积收缩率随试样高度增加,变化幅度非常明显,变化的规律则不明显;在同一高度位置,多数样本显示心材的体积收缩率大于其他位置。

表 6-30 绝干材不同因素各水平恢复性能结果

高度/m	心边位置	样本数	皱缩因子		皱缩深度/mm		体积收缩率/%	
			均值	标准差	均值	标准差	均值	标准差
0	心材	10	19.086	1.858	0.826	0.447	20.101	0.844
	心边交界材	10	20.981	5.831	0.749	0.504	15.727	1.171
	边材	10	19.907	2.186	0.329	0.161	14.428	2.807
1	心材	10	23.692	6.880	2.147	0.594	19.052	3.432
	心边交界材	10	19.140	1.063	2.531	0.767	19.535	3.220
	边材	10	20.261	2.032	1.393	2.292	20.625	1.739
2	心材	10	19.385	1.487	2.501	0.489	23.422	1.746
	心边交界材	10	21.160	4.910	1.836	0.291	9.572	2.010
	边材	10	20.343	1.761	1.333	0.461	11.341	6.136
3	心材	10	19.202	0.761	1.245	0.584	20.299	3.768
	心边交界材	10	20.579	5.147	2.281	0.697	12.622	1.539
	边材	10	20.136	0.977	1.170	0.262	16.211	3.597
4	心材	10	19.414	1.056	2.618	1.550	17.203	2.184
	心边交界材	10	20.306	0.886	1.158	0.653	15.722	1.433
	边材	10	20.756	2.239	1.105	0.345	14.589	1.272
5	心材	10	19.773	1.273	0.825	0.339	22.374	2.310
	心边交界材	10	19.178	0.845	1.757	0.727	13.009	2.296
	边材	10	20.220	1.746	0.727	0.140	14.924	2.513
6	心材	10	20.308	2.311	0.678	0.300	20.478	2.150
	心边交界材	10	20.291	1.556	0.818	0.414	20.660	2.091
	边材	10	20.812	2.395	0.900	0.340	17.037	2.402
7	心材	10	21.693	3.805	2.661	0.321	27.239	4.168
	心边交界材	10	19.018	0.474	1.158	0.482	20.545	4.420
	边材	10	20.192	2.379	0.398	0.351	14.263	3.055

（续）

高度/m	心边位置	样本数	皱缩因子		皱缩深度/mm		体积收缩率/%	
			均值	标准差	均值	标准差	均值	标准差
8	心材	10	19.653	1.596	0.958	0.733	14.164	2.369
	心边交界材	10	19.755	1.307	1.840	0.908	17.792	1.891
	边材	10	19.607	2.236	0.617	0.279	14.590	2.825
9	心材	10	20.021	1.013	2.045	0.891	14.293	1.661
	心边交界材	10	19.900	0.934	1.859	0.358	16.320	1.235
	边材	10	20.682	2.298	0.734	0.160	12.354	2.874
10	心材	10	20.979	1.482	2.417	0.615	18.148	2.554
	心边交界材	10	22.312	6.018	0.993	0.566	18.087	0.779
	边材	10	21.136	1.695	0.591	0.575	14.922	1.953

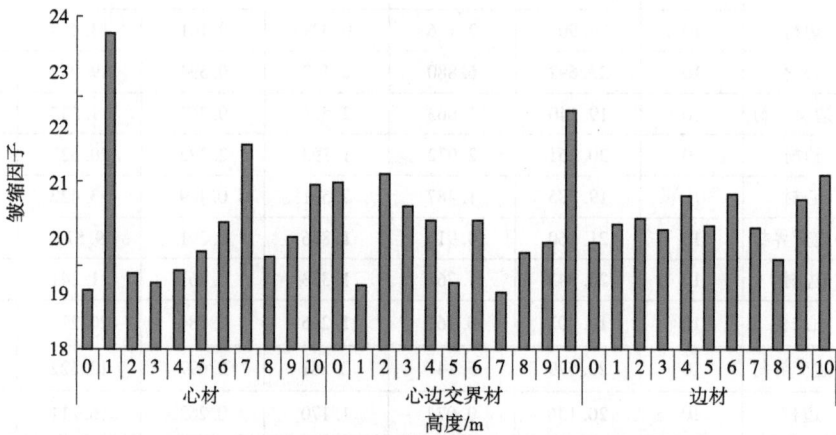

图6-25　绝干材状态下不同高度各位置皱缩因子变化

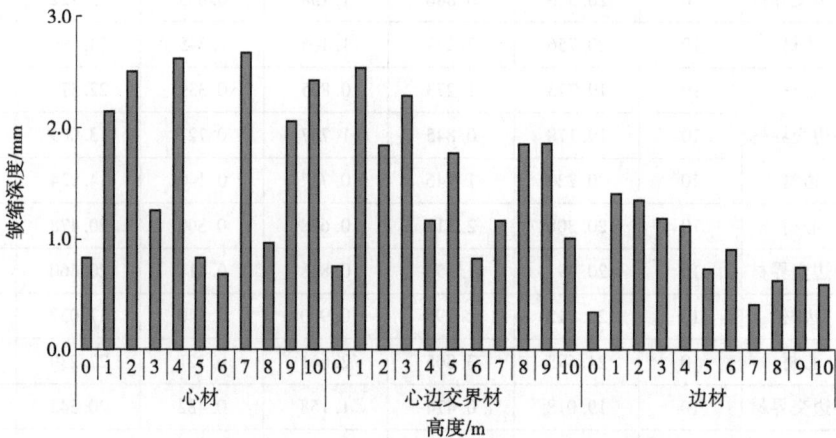

图6-26　绝干材状态下不同高度各位置皱缩深度变化

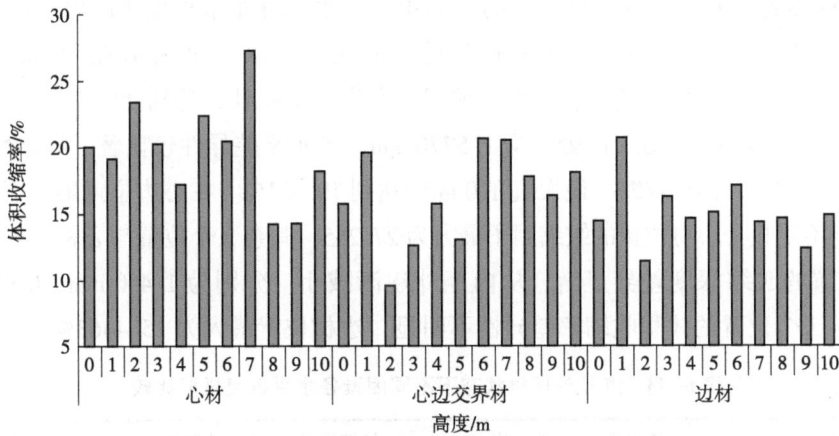

图 6-27 绝干材状态下不同高度各位置体积收缩率变化

6.2.2.3 汽蒸处理材的分析结果与讨论

根据表 6-31 统计结果可以看出，建立的 GLM 模型，经检验，置信度都在 0.01 以下，所以，拟合的模型是合理的。

表 6-31 汽蒸处理材状态下一般线性模型拟合度分析结果

变量	样本数	自由度	平方和	均方	F 值	置信度
含水率	330	32	1234.993069	38.593533	52.85	<0.0001
皱缩因子	330	32	2424.187031	75.755845	3.36	<0.0001
皱缩深度	330	32	96.6901388	3.0215668	12.68	<0.0001
体积收缩率	330	32	2289.230336	71.538448	17.48	<0.0001

根据表 6-32 统计结果分析，试样高度的影响中对含水率、皱缩深度、皱缩因子和体积收缩率等指标影响均非常显著；心边位置对含水率、皱缩深度、皱缩因子和体积收缩率影响均非常显著；试样高度与心边位置的交互作用影响中，对含水率、皱缩深度、皱缩因子和体积收缩率影响均非常显著。对获得数据做进一步分析，得到以下结果。

表 6-32 汽蒸处理材状态下不同因素对恢复性能指标显著性结果

因素	样本数	自由度	含水率	皱缩深度	皱缩因子	体积收缩率
高度	330	10	***	***	***	***
心边位置	330	2	***	***	***	***
高度×心边位置	—	20	***	**	***	***

注：** 表示 $p<0.01$ 水平下，结果显著；*** 表示 $p<0.001$ 水平下，结果显著。

由表 6-33 结果可知，在试样高度的影响中，含水率分布呈现出 7 m 以下部位含水率各水平变化不显著，8 m 以上的含水率明显增大，含水率最大值在 10 m 处，达到 9.4736%。在试样高度的影响中，最大皱缩因子发生在 1 m 处，达到 29.471。在试样高度影响中，皱缩深度最大值在 2 m 处，为 1.5770 mm，各水平差异性较显著，规律性不明显。在试样高度影响中，体积收缩率最大值在 0 m 处达到 19.021%。在心边位置影响下，各水平含水率差异不明显；心材位置的皱缩因子最大为 27.265，其余 2 个位置与心材位置差异性显著。3 个位置的皱缩深度差异显著，从内至外逐渐减小，分别为 1.450 mm、0.992 mm 和 0.576 mm。3 个位置的体积收缩率差异性不明显，边材位置最大为 15.4463%。

表 6-33 汽蒸处理材状态下不同因素各水平恢复性能比较

因素		样本数	含水率/%	皱缩因子	皱缩深度/mm	体积收缩率/%
高度	0 m	30	5.3573C	26.339B	0.7500D	19.021A
	1 m	30	5.4469C	29.471A	1.1680BC	17.082B
	2 m	30	5.6003BC	28.804AB	1.5770A	18.381AB
	3 m	30	6.3139B	27.166ABC	1.4303A	13.357CD
	4 m	30	5.7586BC	26.282ABCD	1.1987ABC	14.142CD
	5 m	30	5.3047C	24.639CD	0.9017CD	14.109CD
	6 m	30	5.7211BC	26.650ABCD	0.7360D	14.412C
	7 m	30	5.8683BC	24.054B	0.9830CD	13.335CD
	8 m	30	9.0974A	23.724CD	0.7050D	13.216CD
	9 m	30	9.4280A	22.890D	0.8677CD	12.716D
	10 m	30	9.4736A	28.988BCD	0.7480D	11.002E
心边位置	心材	110	6.913A	27.265A	1.450A	14.351B
	心边交界材	110	6.863A	25.733B	0.992B	14.050B
	边材	110	6.235B	24.731B	0.576C	15.446A

注：相同的大写字母表示在 Tukey's 检验中，在 $p>0.05$ 水平下，结果不显著。

根据表 6-34 作含水率、皱缩深度、皱缩因子、体积收缩率变化图（图 6-28～图 6-31）。

表 6-34 汽蒸处理材不同因素各水平恢复性能结果

高度/m	心边位置	样本数	含水率/%		皱缩因子		皱缩深度/mm		体积收缩率/%	
			均值	标准差	均值	标准差	均值	标准差	均值	标准差
0	心材	10	5.217	0.184	26.654	2.809	1.380	0.358	19.327	0.678
	心边交界材	10	5.121	0.633	27.919	5.949	0.489	0.334	18.974	1.581
	边材	10	5.734	0.188	24.445	4.191	0.381	0.200	18.763	3.149
1	心材	10	5.214	0.255	34.595	11.918	1.811	0.346	17.330	1.397
	心边交界材	10	5.331	0.163	28.619	2.937	1.213	0.379	16.552	1.457
	边材	10	5.795	0.172	25.199	3.509	0.480	0.178	17.365	2.183

（续）

高度/m	心边位置	样本数	含水率/%		皱缩因子		皱缩深度/mm		体积收缩率/%	
			均值	标准差	均值	标准差	均值	标准差	均值	标准差
2	心边交界材	10	5.225	0.216	26.297	3.535	1.963	0.246	17.955	1.560
	心材	10	5.253	0.070	29.303	5.870	1.930	0.302	19.971	2.557
	边材	10	6.322	0.262	30.812	3.991	0.838	0.280	17.217	1.119
3	心材	10	6.275	0.639	28.006	2.531	2.048	0.508	13.954	0.726
	心边交界材	10	6.488	0.303	27.380	7.530	1.531	0.370	11.804	1.197
	边材	10	6.178	0.211	26.112	3.354	0.712	0.254	14.313	1.560
4	心材	10	5.525	0.302	25.321	2.983	2.022	1.807	12.566	2.626
	心边交界材	10	5.558	0.264	27.314	7.386	1.053	0.569	13.819	2.526
	边材	10	6.194	0.149	26.211	3.887	0.521	0.278	16.041	1.226
5	心材	10	5.472	0.253	26.856	2.792	0.777	0.339	13.640	2.430
	心边交界材	10	5.407	0.174	24.140	2.042	1.423	0.712	13.276	2.563
	边材	10	5.035	1.775	22.921	1.363	0.505	0.216	15.411	2.421
6	心材	10	6.377	0.825	27.883	7.818	0.682	0.288	14.035	1.881
	心边交界材	10	5.178	0.183	26.018	5.195	0.943	0.398	14.180	1.560
	边材	10	5.608	0.115	26.048	6.345	0.583	0.384	15.020	1.559
7	心材	10	5.391	3.452	27.443	4.999	1.819	0.517	14.829	2.337
	心边交界材	10	6.195	0.144	22.042	1.389	0.386	0.381	11.224	2.475
	边材	10	6.019	0.224	22.677	1.773	0.744	0.164	13.951	2.056
8	心材	10	10.328	0.830	25.090	6.197	0.803	0.131	12.904	1.214
	心边交界材	10	10.004	0.734	23.043	1.564	0.750	0.522	11.847	2.941
	边材	10	6.960	0.757	23.039	1.220	0.562	0.366	14.897	1.445
9	心材	10	9.178	1.193	23.878	3.082	1.216	0.576	11.601	1.849
	心边交界材	10	12.275	1.542	23.196	1.621	0.864	0.407	11.168	3.093
	边材	10	6.831	0.386	21.596	1.482	0.523	0.141	15.378	1.425
10	心材	10	11.840	0.508	27.894	4.865	1.429	0.637	9.718	2.578
	心边交界材	10	8.674	0.360	24.090	6.412	0.329	0.237	11.734	1.853
	边材	10	7.907	0.744	22.980	3.366	0.486	0.193	11.554	2.026

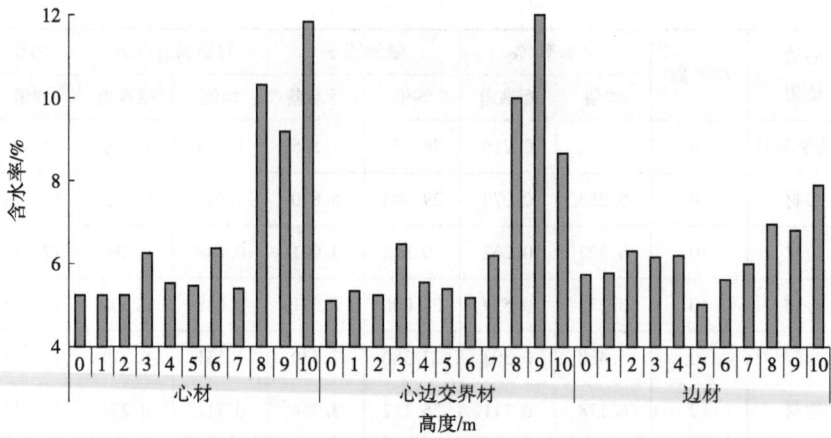

图 6-28　汽蒸处理材状态下不同高度各位置含水率变化

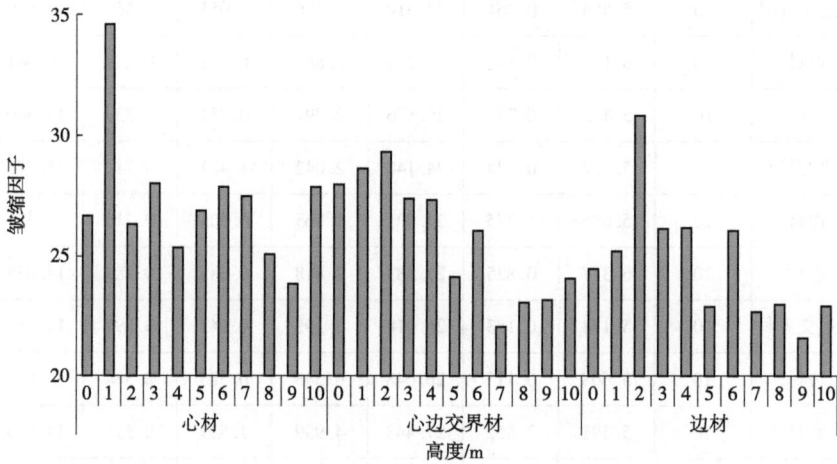

图 6-29　汽蒸处理材状态下不同高度各位置皱缩因子变化

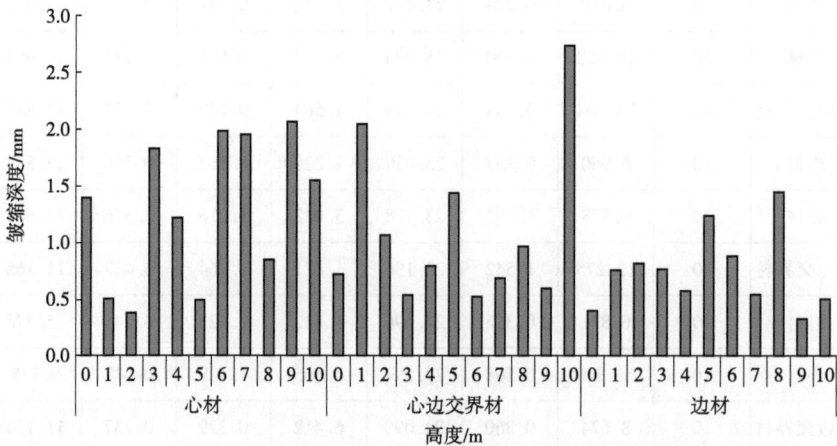

图 6-30　汽蒸处理材状态下不同高度各位置皱缩深度变化

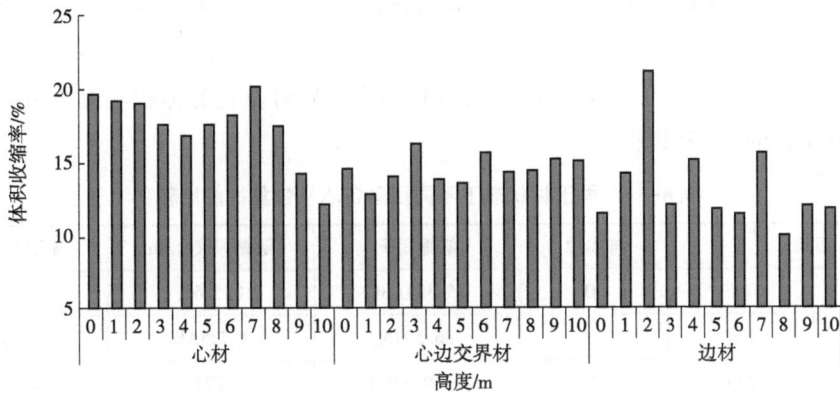

图 6-31　汽蒸处理材状态下不同高度各位置体积收缩率变化

6.2.2.4　再干材的分析结果与讨论

根据表 6-35 统计结果可以看出，建立的 GLM 模型，经检验，置信度都在 0.001 以下，所以，拟合的模型是合理的。

表 6-35　再干材状态下一般线性模型拟合度分析结果

变量	样本数	自由度	平方和	均方	F 值	置信度
皱缩因子	330	32	2442.211391	76.319106	4.41	<0.0001
皱缩深度	330	32	140.8391152	4.4012223	12.00	<0.0001
体积收缩率	330	32	2982.061691	93.189428	19.04	<0.0001

根据表 6-36 统计分析结果，试样高度对皱缩因子、皱缩深度和体积收缩率影响均非常显著；心边位置对皱缩因子、皱缩深度、体积收缩率影响均非常显著；试样高度与心边位置的交互作用影响中，对皱缩因子、皱缩深度和体积收缩率影响均非常显著。对获得数据做进一步分析，得到以下结果。

表 6-36　再干材状态下不同因素对恢复性能指标显著性结果

因素	样本数	自由度	皱缩因子	皱缩深度	体积收缩率
高度	330	10	***	***	***
心边位置	330	2	***	***	***
高度×心边位置	—	20	***	***	***

注：*** 表示在置信度 0.01 水平下显著。

由表 6-37 结果可知，在试样高度的影响中，最大皱缩因子发生在 1 m 处，达到 26.523。其余各水平对应的皱缩因子差异不显著。皱缩深度最大值在 2 m 处，为 1.771 mm，最小皱缩深度出现在 0 m 处，为 0.516mm，各水平差异性较显著，规律性不明显。最大体积收缩率为 19.4851% 发生在 0 m 处，另外 2 m 处体积收缩率为 19.0666，这两者之间变化不显著，其余各水平体积收缩率差异性显著，同时可以看出，随着试样高度提升，体积收缩率逐渐减

111

小。在心边位置影响中，皱缩因子由内向外逐渐降低，心材位置与其 2 个位置区别明显；心材和心边交界材的皱缩深度变化不显著，对应的值为 1.5210 mm 和 1.36364 mm，边材位置明显小于前两者，为 0.73573 mm；心材和心边交界材位置的体积收缩率变化不显著，均小于边材位置的 15.3911%。

表 6-37 再干材状态下不同因素各水平恢复性能比较

因素		样本数	皱缩因子	皱缩深度/mm	体积收缩率/%
高度	0 m	30	25.334ABC	0.516E	19.4851A
	1 m	30	26.523A	1.735AB	16.6388B
	2 m	30	24.007ABCD	1.771A	19.0666A
	3 m	30	23.472ABCD	1.376ABC	12.9731C
	4 m	30	25.798AB	1.457ABC	13.9586C
	5 m	30	22.373BCD	0.967CDE	13.8276C
	6 m	30	24.319ABCD	0.670DE	13.7039C
	7 m	30	25.311ABC	1.260BC	12.3568C
	8 m	30	22.216CD	0.987CDE	13.0396C
	9 m	30	21.71D	1.395ABC	12.5326C
	10 m	30	25.507ABC	1.140CD	10.3933D
心边位置	心材	110	25.9132A	1.5210A	13.6633B
	心边交界材	110	23.8285B	1.36364A	14.0299B
	边材	110	22.9594B	0.73573B	15.3911A

注：相同的大写字母表示在 Tukey's 检验中，在 $p > 0.05$ 水平下，结果不显著。

根据表 6-38 作皱缩因子、皱缩深度、体积收缩率变化图（图 6-32～图 6-34），并加以说明。

表 6-38 再干材不同因素各水平恢复性能结果

高度/m	心边位置	样本数	皱缩因子		皱缩深度/mm		体积收缩率/%	
			均值	标准差	均值	标准差	均值	标准差
0	心材	10	27.669	3.217	0.652	0.526	19.179	0.736
	心边交界材	10	24.544	7.329	0.623	0.379	19.851	1.927
	边材	10	23.788	3.991	0.274	0.164	19.425	3.703
1	心材	10	26.000	6.181	1.970	0.542	17.029	1.456
	心边交界材	10	30.103	3.682	2.116	0.626	15.906	1.751
	边材	10	23.466	2.220	1.120	1.669	16.982	2.084

（续）

高度/m	心边位置	样本数	皱缩因子		皱缩深度/mm		体积收缩率/%	
			均值	标准差	均值	标准差	均值	标准差
2	心材	10	23.977	1.493	2.288	0.421	16.993	1.764
	心边交界材	10	24.211	7.186	1.766	0.304	21.655	2.506
	边材	10	23.834	1.712	1.259	0.436	18.552	1.530
3	心材	10	23.603	2.424	0.952	0.660	13.062	0.717
	心边交界材	10	24.278	6.205	2.098	0.619	11.292	1.319
	边材	10	22.534	2.078	1.078	0.222	14.565	1.707
4	心材	10	27.664	4.332	2.367	1.514	12.015	2.719
	心边交界材	10	25.754	4.252	1.040	0.634	13.755	2.768
	边材	10	23.976	3.913	0.965	0.319	16.105	1.442
5	心材	10	23.157	1.614	0.650	0.365	12.515	2.602
	心边交界材	10	22.295	1.775	1.615	0.667	13.103	2.847
	边材	10	21.666	2.408	0.637	0.147	15.865	3.041
6	心材	10	25.549	3.161	0.568	0.293	13.166	2.063
	心边交界材	10	24.043	5.247	0.676	0.397	13.772	1.496
	边材	10	23.366	1.810	0.765	0.323	14.174	1.496
7	心材	10	32.989	5.134	2.487	0.440	13.034	2.442
	心边交界材	10	20.346	1.165	0.982	0.407	10.971	2.983
	边材	10	22.598	3.581	0.311	0.300	13.065	2.293
8	心材	10	22.987	3.965	0.830	0.689	13.052	1.741
	心边交界材	10	20.973	1.392	1.596	0.811	11.589	3.207
	边材	10	22.688	2.685	0.535	0.281	14.477	1.567
9	心材	10	21.647	1.443	1.843	0.789	11.296	1.857
	心边交界材	10	21.388	1.509	1.672	0.350	11.045	3.093
	边材	10	22.096	3.714	0.670	0.151	15.257	1.678
10	心材	10	29.804	9.716	2.124	0.524	8.955	2.622
	心边交界材	10	24.177	6.505	0.816	0.459	11.390	2.002
	边材	10	22.540	2.025	0.479	0.451	10.834	2.121

根据图 6-32 可知，皱缩因子随试样高度增加，变化幅度非常微小，只有心边交界材位置皱缩因子变化较明显；在同一高度位置，心边材位置的皱缩因子也没有明显的规律，样本中显示出的皱缩因子的统计学差异。

根据图 6-33 可知，皱缩深度随试样高度增加，变化规律不明显，变化的规律则不明显；在同一高度位置，多数样本显示心材的皱缩深度大于边材皱缩深度。

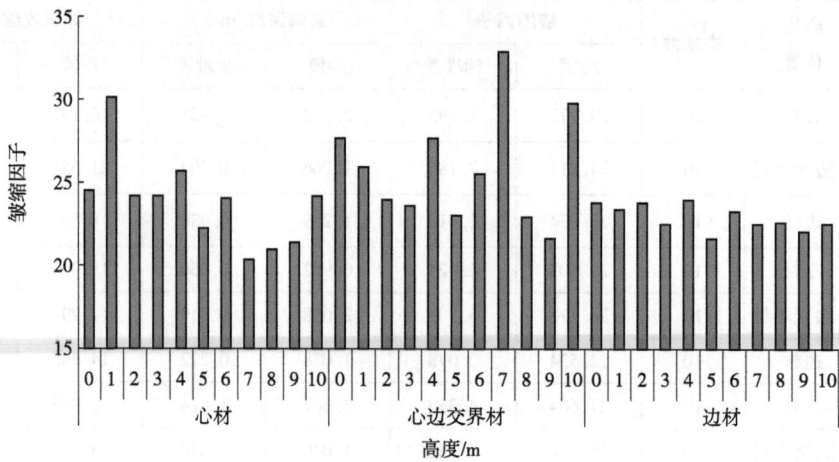

图 6-32　再干材状态下不同高度各位置皱缩因子变化

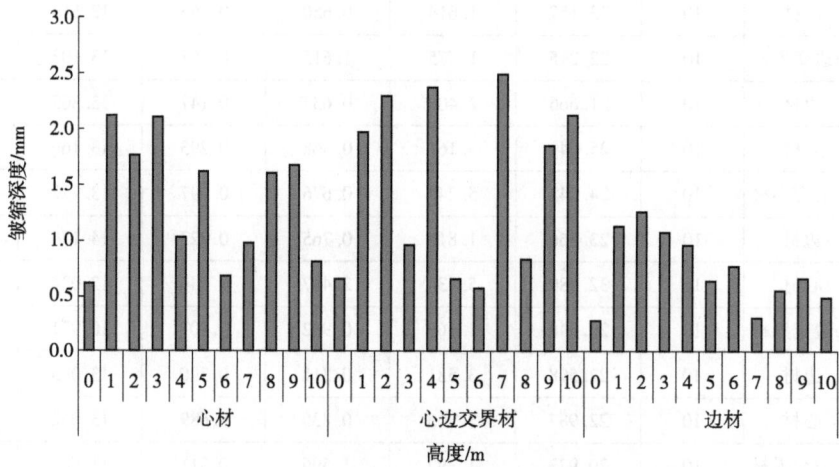

图 6-33　再干材状态下不同高度各位置皱缩深度变化

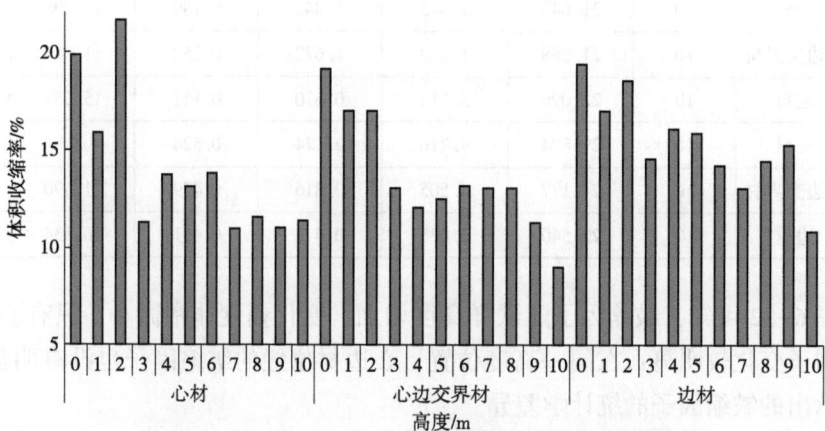

图 6-34　再干材状态下不同高度各位置体积收缩率变化

根据图6-34可知，体积收缩率随试样高度增加，变化幅度非常明显，可以看到随着试样高度位置的增加，体积收缩率逐渐减小；在同一高度位置，多数样本显示心材的体积收缩率大于其他位置的体积收缩率。

6.3 本章小结

（1）皱缩恢复指标试验中，树种、处理时间、试样厚度、树种与处理时间对含水率指标影响显著，对皱缩深度、皱缩因子、体积收缩率影响非常显著。树种与试样厚度交互作用对含水率、皱缩深度影响非常显著，对皱缩因子影响一般显著，对体积收缩率影响不显著。处理时间与试样厚度的交互作用影响中，所有指标影响均非常显著。树种、处理时间和试样厚度3个因素的交互作用对皱缩因子指标影响不显著，对其余3个指标影响均非常显著。

（2）通过分析各因素对应水平对皱缩恢复指标结果得到，3种杨树树种含水率差异较为明显，北京杨含水率最大为15.98%，小叶杨含水率最小为13.21%。3种杨树的皱缩深度指标有明显差异，北京杨最大为1.53 mm，小叶杨最小为1.09 mm，加拿大杨的皱缩深度位于两者之间，为1.15 mm。3种杨树皱缩因子差异较明显，加拿大杨最大为56.07。3种杨树的体积收缩率差异较明显，小叶杨最大为3.95%。不同处理时间的影响中，随着时间的增加，含水率得到逐渐提高，12 h处理后，含水率达到最大值38.36%。其余各水平含水率变化均非常显著。随着时间的增加，皱缩深度逐渐减小，由初始的3.08 mm，经过12 h后减小到0.20 mm，效果十分显著。随着处理时间的增加，皱缩因子逐渐减小，由初始的107.97达到12 h处理后的23.79，各水平差异十分显著。随着处理时间的增加，试样的体积收缩率呈逐渐增大的趋势，各水平差异非常显著。

（3）在试样厚度对各指标的影响分析中，含水率与试样厚度的关系不明显。皱缩深度与试样尺寸的关系不明显，20 mm和30 mm厚试样的皱缩深度较大分别为1.34 mm和1.32 mm。随着试样尺寸增加皱缩因子逐渐减小的趋势，各水平差别不明显。随着厚度变化体积收缩率没有明显规律性变化，50 mm后的试样体积收缩率最大为4.61%，与其他厚度试样区别明显，其余各厚度水平的体积收缩率差异性均不显著。

（4）研究杨树不同位置皱缩性能变化规律研究中，生材状态下，各水平皱缩因子变化均不显著。绝干材状态下，各水平皱缩因子变化均不显著，随着高度增大，皱缩深度有降低的趋势，最大皱缩深度在1 m处，为2.02 mm。横向位置中，心材和心边交界材的皱缩深度较大。随着试样高度增加，体积收缩率变化规律不明显，横向位置上，体积收缩率从内而外为减小趋势，边材最小为15.03%。

（5）汽蒸处理材状态下，在试材高度的影响中，最大皱缩因子发生在1 m处，达到29.47。皱缩深度最大值在2 m处，为1.58 mm。体积收缩率最大值在0 m处达到19.02%。在心边材位置影响下，心材部位皱缩因子最大为27.27。3个位置的皱缩深度差异显著，从内至外逐渐减小，分别为1.45 mm、0.99 mm和0.58 mm。3个位置的体积收缩率差异性不明显，边材位置最大为 15. 45%。

（6）再干材状态下，在试材高度的影响中，最大皱缩因子发生在 1 m 处，达到 26. 52。皱缩深度最大值在 2 m 处，为 1. 77 mm。最大体积收缩率为 19. 49% 发生在 0 m 处，随着试样高度提升，体积收缩率逐渐减小。在心边位置影响中，皱缩因子由内向外逐渐降低；心材和心边交界材的皱缩深度变化不显著，对应的值为 1. 52 mm 和 1. 36 mm，边材位置明显小于前两者，为 0. 74 mm；心材和心边交界材位置的体积收缩率变化不显著，小于边材位置的 15. 39%。

7 人工林杨木皱缩细胞恢复机理 ⟶

7.1 木材细胞皱缩恢复前后的超微图像数字化分析

发生皱缩的木材细胞经过蒸汽或湿饱和空气的处理，可以明显恢复皱缩的细胞。当高温高湿处理木材初期，木材的含水率非常低，木材表面处于完全吸湿状态，同时在高温的作用下，木材的细胞壁刚性下降，木材干燥应力释放，木材细胞逐渐恢复，相当于在巴伯模型中有固定外壁牵引木材整个细胞壁逐渐恢复，由此可见，干燥应力是皱缩木材恢复的动力之一。随着湿热处理的进行，细胞腔内开始进入水分，细胞腔内的湿空气受热膨胀，腔内压力增大，进一步迫使发生皱缩的木材细胞继续恢复原状，细胞腔内压力是木材皱缩恢复的另一动力。由于皱缩的木材细胞应变存在差异，应变较大的木材，对应的干燥应力较大。温湿度条件下皱缩程度较大的木材，恢复的应变比例较大。

7.1.1 试验材料和方法

7.1.1.1 试验材料

北京杨，具体情况见5.1。

7.1.1.2 试验试样

表7-1列出了超微图像数字化试验的各因素水平表。

表7-1 数字化超微图像的因素水平表

取样分类	水平
对照	对照材（C）
	处理材（T）

（续）

取样分类	水平
横向位置	边边（BB）
	边心（BX）
	心边（XB）
	心心（XX）
纵向位置	边（S）
	中（M）

7.1.1.3 试验方法

将采伐到的北京杨生材原木锯解成 500 mm（轴向）×100 mm（径向）×50 mm（弦向）的板材，

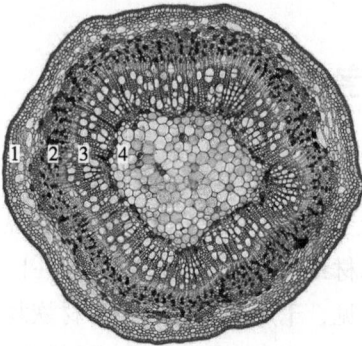

1—边材边部（边边）；2—边材心部（边心）；
3—心材边部（心边）；4—心材心部（心心）。

图 7-1 取样位置示意

放入恒温鼓风干燥机中，设定温度为 103℃±2℃，烘至绝干。将绝干试材按照图 7-1 所示试材取样位置制取长×宽×高为 10 mm×10 mm×10 mm 的小木方，对横断面采集扫描电镜照片，称量对照样的质量，然后将试样放入真空加压高温炭化炉中，通入常压饱和蒸汽，设置炉内温度为 100℃，处理时间 6 h，然后将恢复变形的试样及对照样称重，对试样横断面拍摄扫描电镜照片。用材料分析系统处理得到的电镜照片，随机选取每个取样位置细胞横断面的面积与周长不少于 60 个样本。采集的数据采用 SAS 9.3 统计软件拟合一般线性模型，采用方差分析得到分析结果。

7.1.2 结果与讨论

根据表 7-2 统计结果可以看出，建立的 GLM 模型，经检验，置信度都在 0.0001 以下，所以，拟合的模型是合理的。

表 7-2 一般线性模型拟合度分析结果

变量	样本数	自由度	平方和	均方	F 值	置信度
面积	480	7	189944.706	27134.958	10.17	<0.0001
周长	480	7	6861.604	980.229	6.57	<0.0001

根据表 7-3 统计分析结果，对照样的影响中对细胞横截面积影响显著，细胞横截面周长影响显著。横向位置的影响对细胞横截面积影响显著，对横截面周长影响显著。纵向位置的影响对细胞横截面积和横截面周长影响均不显著。对照样与横向位置的交互作用影响中，对细胞横截面积和细胞横截面周长影响均不显著。

表 7-3　超微图像数字化试验显著性结果

因素	样本数	自由度	面积	周长
对照	480	1	***	***
横向位置	480	3	***	***
纵向位置	480	1	/	/
对照×横向位置	480	2	/	/

注：*** 表示在置信度 0.01 水平下显著；/ 表示在置信度 0.10 水平下不显著。

表 7-4 列出了不同因素各水平对恢复性能的影响，可以看出在对照样的影响中，对照材的面积和周长均小于处理材的面积与周长，两者之间的变化是显著的。横向位置取样时，心边位置和边边位置的细胞横截面积较大，分别是 112.310 μm^2 和 119.033 μm^2，心心位置和边心位置的细胞横截面积分别为 82.982 μm^2 和 81.698 μm^2，与前两个位置变化显著。心边位置和边边位置的细胞周长分别为 40.292 μm、41.649 μm，变化较显著；心心位置和边心位置的细胞周长分别为 36.983 μm 和 35.089 μm，变化较显著；4 个水平之间呈现逐渐变化的趋势，相近位置变化不显著。纵向位置的细胞横截面积与周长变化均不显著，边部细胞横截面积与周长为 100.084 μm^2 和 38.409，中部细胞横截面积与周长为 97.927 μm^2 和 38.597 μm。

表 7-4　超微图像数字化试验中不同因素各水平恢复性能比较

因素		样本数	面积/μm^2	面积半径/μm	增长率/%	周长/μm	周长半径/μm	增长率/%
对照	对照材	240	89.111B	5.327		35.836B	5.706	
	处理材	240	108.901A	5.889	10.548	41.170A	6.556	14.884
横向位置	心边	120	112.310A	5.981		40.292AB	6.416	
	边边	120	119.033A	6.157		41.649A	6.632	
	心心	120	82.982B	5.141		36.983BC	5.889	
	边心	120	81.698B	5.101		35.089C	5.587	
纵向位置	边	240	100.084A	5.646		38.409A	6.116	
	中	240	97.927A	5.585		38.597A	6.146	

注：相同的大写字母表示在 Tukey's 检验中，在 $p>0.05$ 水平下，结果不显著。

木材产生皱缩变形后，周长的变化比面积的变化明显，经过计算分别得到面积半径和周长半径，两者之间表现出较明显的一致性，由此可以证明，薄壁圆柱形细胞微观模型表征木材皱缩恢复性能是合适的。处理材与对照材经过计算得到面积半径与周长半径数量级一致。横向各位置面积半径与周长半径变化趋势一致，纵向位置对应的面积半径和周长半径结果接近，没有统计学上的差异。

根据超微变形数字分析试验结果见表 7-5，心边位置的蒸汽处理材面积半径与周长半径增长最为明显，分别达到 15.284% 和 20.651%。可以看出这个位置的木材皱缩变形最为明显，对应的木材属于心边交界材位置。边边位置的蒸汽处理材面积半径与周长半径增长幅度最小，分别只有 9.034% 和 11.435%。

表 7-5　超微图像数字化试验中不同因素各水平恢复性能结果

横向位置	对照	样本数	面积 /μm²	面积半径 /μm	处理前后增长率/%	周长 /μm	周长半径 /μm	处理前后增长率/%
边边	对照材	60	108.764	5.885		39.397	6.273	
	处理材	60	129.303	6.417	9.034	43.902	6.991	11.435
边心	对照材	60	75.629	4.908		32.645	5.198	
	处理材	60	87.766	5.287	7.726	37.532	5.976	14.970
心边	对照材	60	96.443	5.542		36.521	5.815	
	处理材	60	128.177	6.389	15.284	44.063	7.016	20.651
心心	对照材	60	75.609	4.907		34.781	5.538	
	处理材	60	90.355	5.364	9.317	39.185	6.240	12.662

根据表 7-5 数据，调整排列顺序作细胞横截面积和细胞横截面周长变化图，并进行说明。

由图 7-2 可知，横向位置在边边部位的细胞绝干状态下，细胞收缩程度较小，面积为最大，平均为 108.764 μm²，所以对应恢复后的细胞面积也是最大达到 129.303 μm²，恢复比例为 18.884%。心边部位的细胞恢复前后的面积分别为 96.443 μm² 和 128.177 μm²，恢复比例为 32.904%。心心部位的细胞恢复前后面积分别为 75.609 μm² 和 90.355 μm²，恢复比例为 19.503%。边心部位的细胞恢复前后面积分别为 75.629 μm² 和 87.766 μm²，恢复比例为 16.0483%。综上所述，可以看出心材部位的木材细胞经过干缩后，变形相对较大，经过汽蒸处理恢复变形后，虽然细胞面积与边边部位比较绝对值较小，但是其恢复比例较大。恢复比例最大的是心边部位细胞，达到 32.904%。分析其主要原因是这里的木材细胞不仅发生正常干缩变形，而且发生严重的皱缩变形，导致细胞塌陷引起面积大大减小。后经过蒸汽恢复处理，这样的细胞面积增大尤为明显。

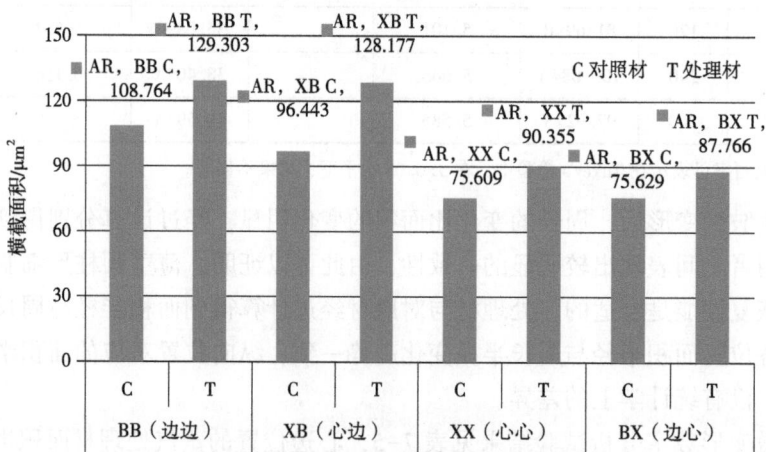

图 7-2　不同位置细胞横截面积结果

由图 7-3 可知，横向位置在边边部位的细胞绝干状态下，细胞收缩程度较小，所以面积为最大，周长也最大，平均值为 39.397 μm，对应恢复后这里的细胞周长 43.902 μm，

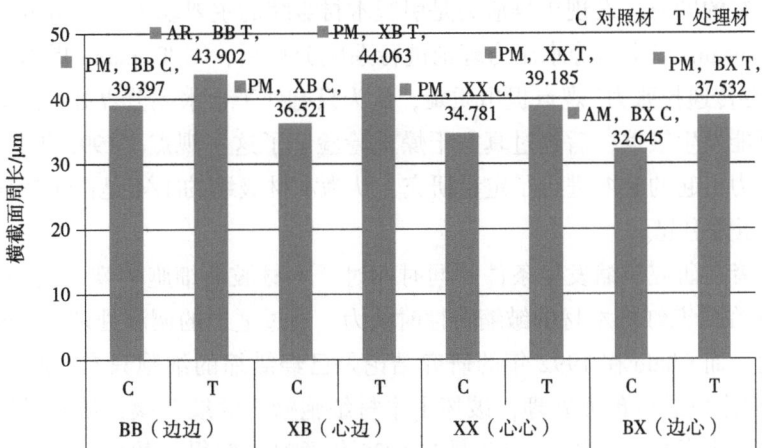

图7-3　不同位置细胞横截面周长结果

恢复比例为 11.435%。心边部位的细胞恢复前后的周长分别为 36.521 μm 和 44.063 μm，恢复比例为 20.651%。心心部位的细胞恢复前后面积分别为 34.781 μm 和 39.185 μm，恢复比例为 12.662%。边心部位的细胞恢复前后面积分别为 32.645 μm 和 37.532 μm，恢复比例为 14.970%。综上所述，可以看出边材的木材细胞经过干缩后，变形相对较大，经过汽蒸处理恢复变形后，其恢复比例较大。恢复比例最大的是心边部位细胞，达到 20.651%。分析其主要原因是这里的木材细胞不仅发生正常干缩变形，而且发生严重的皱缩变形，导致细胞塌陷引起面积大大减小，但其周长相对而言没有面积减少的幅度明显。后经过蒸汽恢复处理，这样的细胞面积增大的尤为明显，周长增大的幅度则稍小。

7.2　木材皱缩细胞恢复机理的理论分析

早在 1915 年，澳大利亚学者 Tiemann 就首次观察到并开始认识到木材的皱缩现象，随后他又在 1917 年发现调湿处理可以使皱缩的木材恢复。1934 年，他又在对澳大利亚桉树的皱缩特性进行广泛研究的基础上首次提出皱缩机理，并指出皱缩的动力是静水压力。1941 年，他又用电镜观察到了皱缩木材的组织结构变化。1967 年，Hart 经过研究认为，假设木材的细胞壁上纹孔膜微孔直径很小，细胞腔呈饱水状态，当实施干燥处理时，自由水经由纹孔，产生强大的拉应力，这个力由水分传递到细胞腔内，将细胞壁拉向内侧，如果纹孔接近闭塞状态，则细胞壁发生溃陷，产生皱缩现象。1960 年，Kauman 的研究认为，当纹孔膜上微孔的半径小于 0.041 μm 时，自由水移动时所产生的毛细管张力大于木材垂直纹理的抗压强度 3.66 MPa，木材细胞才可以皱缩。1964 年，Kauman 对 Tiemann 的研究结果进行了补充和完善，同时，在研究了几个容易皱缩的树种的基础上，测试了整株木材不同部位的皱缩特性，得出以下结论：木材细胞皱缩具有选择性，不是易皱缩的树种的所有部位、所有细胞均能发生皱缩。他在研究防止木材皱缩产生的条件以及使木材发生皱缩的细胞得以恢复的同时，发现干燥应力是引起木材皱缩的主要动力。1974 年，日本学者寺尺真经过对 Tiemann 提出的静水压力理论进行系统分析后，对 Tiemann 提出的静水压力理论中的"水能够传递拉张力"观点提出质疑，认为只有处于含水率分界处的细胞在承受水的拉力时，才可能发生皱缩，后经过真空干燥试验验证了这一观点。1992 年，Chafe 对静水压力和干燥应力引起的皱缩进行了定量研究，认为木材皱缩的 1/4 是由干燥应力引起，而 3/4 是由静水压力引起。

国内外学者在研究皱缩发生条件的同时探讨了木材皱缩细胞的恢复机理和恢复条件。1984 年，Hart 在研究红栎木材的皱缩特性时认为，通过适当的调湿处理，90% 以上的皱缩细胞可以恢复，而 Chafe 在 1992 年的研究结论是已经皱缩的细胞只有 50% 的概率可以恢复。Ilic 通过对木材进行预冻处理，破坏了木材细胞壁上的纹孔膜，使木材细胞腔中产生气泡，明显地减少了皱缩。Green Hill 早在 1936 年通过试验得到的研究结果表明，当发生皱缩木材的含水率为 15%~20%，相对湿度为 100%，温度为 100℃时，皱缩恢复可以达到很好的效果。

综上所述，近一个世纪以来，各国学者在木材的皱缩机理、皱缩的基本条件、皱缩恢复的条件、木材皱缩与材性之间的关系方面进行了大量的研究，取得了大量的成果。有些问题已经得到共识，如毛细管张力与干燥应力是木材细胞皱缩的主要动力；皱缩细胞是可以恢复的。有些问题如干燥温度、试样含水率和木材的化学成分对木材皱缩的影响，以及对水分表面张力及木材皱缩作用效果的影响等，还有待于做更加细致的分析。

7.2.1　木材细胞模型

细胞模型是研究木材皱缩的一个重要内容。只有建立恰当的细胞结构模型，才能正确地分析木材干燥过程应力-应变间的关系。国内外研究者已采用不同方法对木材细胞进行了模拟，取得了一些值得借鉴的成果。

1964 年，Barber 等依据木材细胞的微观构造，认为管胞是由次生壁中层（S_2）组成的矩形壳，并运用层合理论分析了细胞壁的收缩，认为木材总的收缩应变是微纤丝角的函数。1968 年，Barber 又假设木材细胞壁是厚壁圆柱体，推导出应变比和纤丝角的关系，此模型和木纤维的形状相似，不仅能预测木纤维长度的改变，而且可以预测木纤维直径的改变。1967 年，Mark 采用了单纤维多壁层结构模型，认为细胞壁各层之间在几何、物理和化学性质方面存在差别；细胞壁任何一层的力学性质都可以用该层骨架物质与基质的体积百分比以及微纤丝角描述。Cave 从不同的角度对细胞壁的弹性性质进行了研究，把细胞壁的多层结构简化为单 S_2 层结构。Schniewind 等则把 Cave 的模型进一步扩大，认为细胞壁任何一个壁层的扭转趋势都正好被相邻细胞对应层的扭转趋势所平衡，不会产生不均匀或者过度的收缩变形，从而实现了所谓的完全剪切束缚。他们的模型包括相邻的 2 个细胞壁，具有 7 层结构，其中两两相对于复合胞间层反对称排列，形成了一个多层反对称平衡结构。这个模型考虑了细胞壁的实际构造，与 Cave 的模型相似。

之后，许多学者针对不同的情况陆续提出了各种修正后的细胞壁力学模型，它们大都是基于单纤维多壁层结构模型和完全剪切束缚模型之上，要么在模型的细节上做一些修正，要么在计算方法上做进一步改进。

在国内，江泽慧等提出了计算管胞纵向弹性模量的一个新的模型，该模型认为，管胞是由上、下搭接壁弹性体、中空管状部分弹性体首尾相连串接而成，由此计算了管胞的纵向弹性模量。余雁提出了管胞细胞壁刚性的理论预测方法：在基质增强假说的基础上，利用复合材料细观力学和经典层板理论，结合细胞壁主要成分的力学性能及其壁层结构的主要特点，来分析细胞壁宏观力学性能同其组分性能及其壁层结构之间的关系，探寻管胞纵向弹性模量的主要影响因素。

马岩进行了木材细胞系统数学模型建立的研究，并将显微实测的木纤维数据代入模型中在计算机上进行再现，从而生成用数学模型建立成像的木纤维视频图像，使纤维板的微米纤维形成技术达到了一个新的水平。

对于木材来说，宏观结构是非均匀的，而微观结构和超微结构显示为多孔材料，化学成分都是纤维素、半纤维素和木质素，就以单个木材细胞来说相邻细胞壁都是由胞间层 I、初生壁 P、次生壁外层 S_1、次生壁中层 S_2 和次生壁内层 S_3 组成，如图 7-4 所示。因此大多数木材的壁层及其化学组成是相似的。所以，可以对微观结构进行模型化。

构成木材结构的细胞形状通过木材超微观图片以及微观照片确定，如图 7-5 所示。杨木横切面的主要结构组织为导管与木纤维细胞，导管直径粗大明显，管孔大而略少，放大镜可见，木纤维横切面为卵圆形及椭圆形为主，也有略具多边形轮廓的。

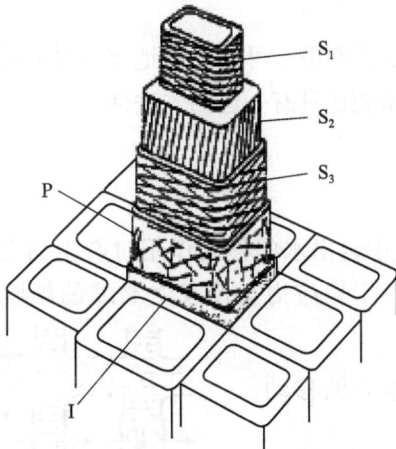

I—胞间层；P—初生壁；S_1—次生壁外层；
S_2—次生壁中层；S_3—次生壁内层。

图 7-4　木材细胞壁壁层结构　　　图 7-5　杨木微观横切面

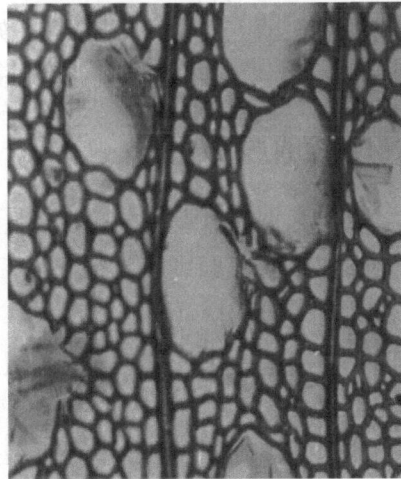

对于杨木来说，细胞壁厚度小于细胞直径的 1/5，因此根据 Barber 的改进理论模型可以把细胞壁视为厚壁圆柱体，细胞壁的内、外半径为 r_1、r_2，并且所有微纤丝都围绕细胞长轴螺旋排列并与之形成夹角 θ，如图 7-6 所示。忽略厚度方向的应力，使之成为一个平面应力问题，如图 7-7 所示。这样，Barber 的改进模型提出如下假设。

（1）圆柱体内部有 2 组微纤丝，大小相等，方向相反，因此木材干缩湿胀时可以克服个体细胞的扭曲现象。

（2）圆柱体外部被一层薄壳包裹，由弹性材料组成，不受水分影响，径向变形时，纵向不具有强度，因此可以把该薄壳想象成由水平排列的微纤丝构成，即微纤丝与细胞轴夹角是 90°。

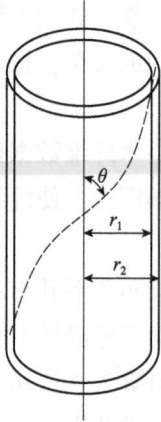

图 7-6　单个木材细胞模型

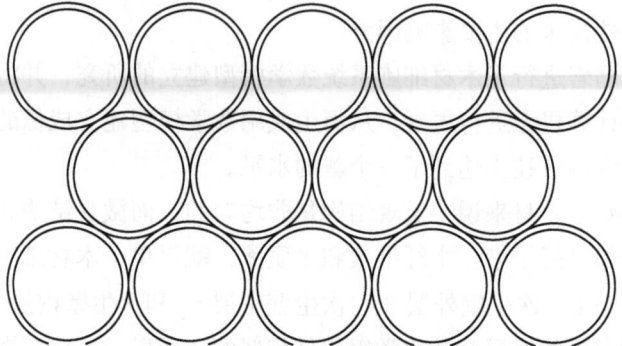

图 7-7　木材横截面细胞模型

（资料来源：1968 年 Baber 的研究成果）

根据以上假设，木材细胞壁由 2 层构成，外层是薄壳抑制层，代表 S_1；内层为厚壁层，代表 S_2，厚度为 r_2-r_1。

Barber 改进模型运用于木材细胞皱缩和恢复模型中，可以较好地解释试验中观察到的木材皱缩动力和恢复动力现象，与早期理论模型相比具有一定的先进性。

7.2.2　木材皱缩的形成动力

木材皱缩发生初期是饱水状态下的细胞腔中自由水的移动作用时产生的毛细管张力超过木材细胞的横纹抗压强度而导致，随后，干燥应力会使发生皱缩的细胞变形程度加剧。

因此，我们先来看一下纤维饱和点以上水分的移动。水分移动途径如图 7-8 所示。

木材中自由水的移动与细胞腔中是否完全被自由水充满有关，当细胞腔中完全被水分充满，自由水便从靠近板材边缘的被切开的细胞腔中首先蒸发，直至这里的细胞腔中的自由水完全蒸发完毕，开始在毗连细胞的纹孔膜上的微孔内侧形成气-液弯月面，弯月面中相对蒸汽压将降低，其降低程度与微孔半径有关。其关系式见式（7-1）：

$$r = 2\delta m V_0 / RT \times \ln(P_0/P) \qquad (7-1)$$

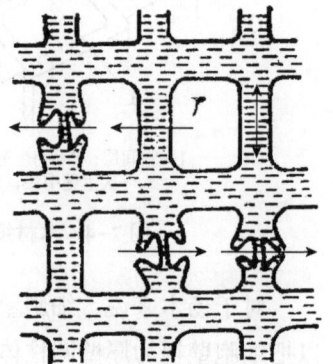

图 7-8　木材内水分移动的途径

（图中箭头所示）

式中，r 是曲面的曲率半径，表示微孔或毛细管中通常指孔径或管壁的半径（m）；δ 是液体表面张力，表示液体在气液界面处的张力，通常与所用液体的性质有关（如水、乙醇等）（N/m）；m 是液体的摩尔质量，即液体分子的质量（kg/mol）；V_0 是液体的摩尔体积，表示 1 mol 液体所占的体积，通常由密度计算（m^3/mol）；R 是理想气体常数，通常取值为 8.314 J/（mol·K）；T 是绝对温度（K）；P_0 是液体的饱和蒸汽压（Pa）；P 是实际蒸汽压（Pa）。

毗连细胞腔中的自由水在此压力差的作用下向外移动，同时在水中产生拉张力，拉张力是相对气压对数的函数。

$$\Delta P = (RT/mV_0) \times \ln(P_0/P) = 2\delta/r \tag{7-2}$$

式中，ΔP 是曲面两侧的压力差（Pa）；其他同式（7-1）。

式（7-2）表示液体在曲面（如微孔或毛细管）中由于表面张力引起的毛细压力。对于微孔，r 通常是孔的半径；对于球形液滴或弯月面，r 是曲率半径。当 r 很小（如微孔或纳米孔），$2\delta/r$ 的值会很大，意味着曲面效应显著，压力差 ΔP 增加。这解释了为什么液体在微孔中更容易发生毛细凝聚。压力差的方向取决于曲面是凸面还是凹面。

在室干温度下，被水饱和的木材的横纹抗压强度为 35.2 kg/cm^2，在常压下形成张力为 35.2 kg/cm^2 时，毛细管的半径为 42 nm，若纹孔膜上的微孔半径小于 42 nm，那么水分通过纹孔膜时所产生的毛细管张力就大于木材细胞的横纹拉压强度，此时细胞被压溃，这些细胞就会被观察到皱缩现象。

有文献表明，在全应力状态下，50 mm 厚杨木板材在温度为 80℃ 的干燥条件下，板材的平均皱缩深度为 6.63 mm；在无应力状态下，相同温度板材的皱缩深度为 4.47 mm。那么，毛细管张力引起的皱缩深度是 4.47 mm，干燥应力引起的皱缩深度为 2.16 mm，据此，毛细管张力对皱缩的作用效果是干燥应力的 2 倍。

7.2.3 皱缩模型与皱缩机理

根据文献资料结合试验结果分析，皱缩的细胞模型采用 Barber 的改进模型可以更好地解释皱缩恢复中的变形关系。

根据试验数字化图像分析，杨木发生皱缩的基本条件包括木材细胞自身基本条件和由干燥工艺形成的外界条件。

木材细胞自身的基本条件：①胞腔内充满水而无空气泡；②木材细胞的气密性好；③纹孔膜上微孔直径要足够小；④胞壁的润湿性好。外界条件：①干燥温度高；②对木材细胞自身条件无破坏性处理（如预冻处理和汽蒸处理等）。

木材细胞在满足自身条件的基础上，在由干燥工艺所构成的外界条件的作用下，形成如下皱缩机理：在纤维饱和点以上处于饱水状态下的木材细胞，当细胞腔内的自由水经由纹孔膜等微细孔隙向外移动时所产生的毛细管张力的和大于木材细胞横纹极限抗压强度时，木材细胞发生皱缩，进一步的干燥过程中，干燥应力会使细胞皱缩程度加剧。此机理认为：毛细管张力和干燥应力都是木材细胞产生皱缩的源动力，但毛细管张力的作用效果要大于干燥应力，同时也决定了木材细胞皱缩具有选择性、可破坏性、可恢复性。

根据试验数字化图像分析，杨木皱缩的条件是：需要内外部条件符合才可能发生皱缩。也就是说如果木材初含水率较高，有较多的木材细胞处于满水状态，一部分木材细胞由于侵填体、薄壁细胞或者其他内含物导致水分进出细胞纹孔膜上的微孔足够小，同时木材细胞壁具有良好的润湿性。当木材进入干燥状态时，木材中满足以上条件的细胞在高温作用下，就会发生皱缩现象。过去我们认为木材发生皱缩，是需要木材的细胞壁强度较低，木材会选择那些薄弱环节产生皱缩，现在我们根据水分经过微孔产生的毛细管张力与微孔直径的关系，可以说明微孔的直径与毛细管张力属负相关关系，也就是说微孔越小，由此产生的毛细管张力就越大，另外较高的干燥温度会使细胞壁刚度下降，使皱缩程度增大。由此可见，皱缩现象不仅发生在密度较低的杨木中，也发生在密度较高的桉树木材中。

另外，根据试验结果分析，木材皱缩主要发生在那些水分移动困难的木材中，尤其是那些薄壁组织丰富的木材，因为这些细胞结构会阻塞了水分移动路径。当木材开始干燥时，细胞壁内部水分由于干燥应力作用向外部移动，细胞受到反作用的挤压力，内部水分充满时，木材不会发生皱缩，一旦有个别细胞内部由于毛细管张力大于细胞壁抗压强度时，这个细胞率先发生皱缩溃陷，这时这个发生了皱缩的细胞对于整个受压区域的木材细胞就会产生类似于应力集中的现象，随后相邻细胞相继发生皱缩，直到皱缩的细胞将集中的毛细管张力逐渐释放，皱缩现象逐渐缓解。

7.2.4 皱缩恢复机理

木材皱缩的恢复性是指已经发生了皱缩的木材细胞可通过调湿处理或浸泡水分等处理方式使其皱缩变形部分恢复或全部恢复的现象。

研究表明，当木材含水率为15%时，利用温度100℃、相对湿度100%的蒸汽进行处理，大部分的皱缩木材可以恢复。因为在纤维饱和点以下，细胞腔内无自由水存在，即使高温干燥也不再具备产生皱缩的条件，木材细胞壁具有一定的弹塑性，在一定的外界条件下，可以使其木材细胞能够恢复到或接近原来的形状和体积。

根据 Barber 的改进模型可推测，木材细胞在毛细管张力和干燥应力的双重作用下，从含水率较高的生材阶段即开始发生皱缩，随着含水率的逐渐降低，皱缩细胞从板材边部逐渐深入到木材内部，是木材皱缩变形逐渐增大，干燥应力逐渐加剧这一趋势，直至木材干燥过程完成。

发生皱缩的木材细胞经过蒸汽或湿饱和空气的处理，可以明显恢复皱缩的细胞。高温高湿处理木材初期，木材的含水率非常低，木材表面处于完全吸湿状态，同时在高温的作用下，木材的细胞壁刚性下降，木材干燥应力释放，木材细胞逐渐恢复，相当于在 Barber 模型中有固定外壁牵引木材整个细胞壁逐渐恢复，由此可见，干燥应力是皱缩木材恢复的动力之一。随着湿热处理的进行，细胞腔内开始进入水分，胞腔内的湿空气受热膨胀，腔内压力增大，进一步迫使发生皱缩的木材细胞继续恢复原状，胞腔内压力是木材皱缩恢复的另一动力。由于皱缩的木材细胞应变存在差异，应变较大的木材，对应的干燥应力较大。相同温湿度条件下皱缩程度较大的木材，恢复的应变比例较大。

由于皱缩恢复处理过程中，木材细胞壁属于吸湿过程，细胞腔内没有完全被液态水充满，干燥前分布在细胞腔内部阻塞水分流动的内含物，在干燥过程中发生了含量和分布的变化，使干燥的木材细胞壁气密性下降，处理后的木材不具备再次发生皱缩的条件。

7.3 本章小结

(1)横向位置边边部位的细胞收缩程度较小，所以面积为最大，恢复比例为18.884%。心边部位的细胞恢复前后的面积分别为 96.443 μm^2 和 128.177 μm^2，恢复比例为 32.904%。心心部位的细胞恢复前后面积分别为 75.609 μm^2 和 90.355 μm^2，恢复比例为 19.503%。边心部位的细胞恢复前后面积分别为 75.629 μm^2 和 87.766 μm^2，恢复比例为 16.0483%。综上所述，可以看出心材部位的木材细胞经过干缩后，变形相对较大，经过汽蒸处理恢复变形后，虽然细胞面积与边材比较绝对值较小，但是其恢复比例较大。恢复比例最大的是心边部位细胞，达到 32.904%。分析其主要原因是这里的木材细胞不仅发生正常干缩变形，而且发生严重的皱缩变形，导致细胞塌陷引起面积大大减小。后经过蒸汽恢复处理，这样的细胞面积增大尤为明显。

(2)横向位置在边边部位的细胞绝干状态下，细胞收缩程度较小，所以面积为最大，周长也最大，平均值为 39.397 μm，对应恢复后这里的细胞周长 43.902 μm，恢复比例为 11.435%。心边部位的细胞恢复前后的周长分别为 36.521 μm 和 44.063 μm，恢复比例为 20.651%。心心部位的细胞恢复前后面积分别为 34.781 μm^2 和 39.185 μm^2，恢复比例为 12.662%。边心部位的细胞恢复前后面积分别为 32.645 μm^2 和 37.532 μm^2，恢复比例为 14.970%。综上所述，可以看出边材的木材细胞经过干缩后，变形相对较大，经过汽蒸处理恢复变形后，其恢复比例较大。恢复比例最大的是心边部位木材细胞，达到 20.651%。分析其主要原因是这里的木材细胞不仅发生正常干缩变形，而且发生严重的皱缩变形，导致细胞塌陷引起面积大大减小，但其周长相对而言没有面积减少的幅度明显。后经过蒸汽恢复处理，这样的细胞面积增大尤为明显，周长增大的幅度则稍小。

(3)由超微图像分析试验可知，杨木发生皱缩的主要区域集中于心边交界材附近。皱缩木材经过蒸汽处理后，与处理前相比，木材细胞面积增大明显，周长也有增长，但幅度没有面积大。皱缩幅度最大的心边交界材的表面区域，恢复的效果也是最明显的。木材长度方向，皱缩程度变化不显著。

(4)木材皱缩与恢复模型参考 Barber 建立的薄壁圆柱体模型，木材皱缩条件中，试样密度低，木材强度小这一条件不再成为木材发生皱缩的必需条件。

（5）木材干燥过程中，饱水状态的木材细胞，当水分经纹孔膜或者薄壁微孔间隙向外移动时，产生的毛细管张力大于木材细胞横纹抗压强度时，木材个别细胞发生皱缩，产生皱缩应力集中效应，并导致相邻细胞发生连锁皱缩，在进一步干燥过程中，干燥应力会使皱缩细胞的皱缩程度加剧。

（6）木材皱缩细胞恢复时，经过蒸汽或饱和湿空气处理时，皱缩的细胞腔吸收水分和热量，细胞壁刚性下降，在干燥应力作用下，皱缩细胞开始恢复。同时由于细胞腔内部空气受热膨胀，胞腔内压力增大，促使细胞腔进一步恢复形状。由于皱缩的木材细胞应变存在差异，应变较大的木材，对应的干燥应力较大。相同温湿度条件下皱缩程度较大的木材，恢复的应变比例较大。

（7）皱缩木材的恢复动力是干燥应力和细胞腔内压力。

8 皱缩木材恢复前后的 物理特性分析 —»

发生皱缩的木材细胞经过蒸汽或湿饱和空气的处理，可以明显恢复皱缩。当高温高湿处理木材初期，木材的含水率非常低，木材表面处于完全吸湿状态，同时在高温的作用下，木材的细胞壁刚性下降，木材干燥应力释放，木材细胞逐渐恢复，随着湿热处理的进行，细胞腔内开始进入水分，细胞腔内的湿空气受热膨胀，腔内压力增大，进一步迫使发生皱缩的木材细胞继续恢复原状。皱缩材和皱缩恢复材由于水分与木材结合状态不同，导致其物理性质均有较明显差异，本章研究内容着眼于皱缩恢复前后木材中水分状态与结晶度变化对比。

8.1 木材皱缩恢复前后的水分状态变化分析

木材干燥对木材加工及应用具有重要影响，而含水率是木材干燥过程中的一个重要参数，对控制木材干燥速度、决定干燥质量具有重要意义。测定木材含水率的方法很多，目前木材加工企业中最常用的是称重法和电阻法。称重法是最传统、最基本的木材含水率测定方法，但在操作过程中由于气候条件和操作熟练程度等因素，会使测得的含水率存在一定误差。电阻法也是很常用的一种方法，但电阻法测含水率只能在 6%~30% 的范围内实现检测。此外，还有真空干燥法、蒸馏法、电容法、化学测定法、断层扫描法、微波法、射线法、红外光谱法、超声波法、高周波法、快速失重法等。

核磁共振是指处于静磁场中的物质受到电磁波的激励，物质中的原子核吸收射频电磁波的能量，当射频电磁波的频率与静磁场强度的关系满足拉莫尔方程时，一些原子核会发生共振现象。撤掉射频电磁波后，原子核会把吸收的能量释放出来，产生核磁共振信号。通过测量和分析这种共振信号，可以得到物质结构中的许多化学和物理信息。因此，它一直以来都是生物学、食品学、医学、材料科学、地球物理勘探以及石油化工等领域强有力的研究工具。如今，核磁共振技术也被广泛应用于木材研究领域。

木材解吸和吸着过程是一个动态的连续变化过程，本章试验研究采用核磁共振研究测试水分的自旋-自旋弛豫时间来表征木材中水分状态，进而探究木材皱缩和皱缩恢复过程中木材含水率的变化情况。

8.1.1　试验材料和方法

8.1.1.1　试验材料

北京杨，具体情况见5.1。

8.1.1.2　试验试样

本试验用试样如图8-1所示。

8.1.1.3　试验设备

主要仪器为德国布鲁克公司生产的 LF90 核磁共振分析仪，频率为 22.6 MHz，90°脉宽为 3.78 μs，180°脉宽为 7.68 μs，仪器死时间为 9.8 μs。其他试验设备同5.1.2。

8.1.1.4　试验方法

本试验用北京杨，经制材锯截成板材后，取纹理通直、无变色腐朽等缺陷的生材板材，锯截成长宽厚为 500 mm×100 mm×50 mm 板材。置入 103℃±2℃的恒温鼓风干燥箱中，干燥至绝干，备用。

选用杨木气干材作为对照材；同时将一部分绝干材放入高温炭化炉中，设定温度为 100℃，饱和蒸汽处理绝干材，时间为 6 h，处理完毕后放入密封袋中冷却至室温。以上 3 种试样为试验材料。用空心钻在板材相邻部位各钻取 5 个直径 15 mm、长度 20 mm 的圆柱形木棒，用保鲜膜包好，防止水分变化。

将试样分别放入 40℃的核磁共振箱体中测试，测试过程中实时水分的自旋-自旋弛豫时间数据。仪器采样参数：增益值为试验前仪器自动调整并固定，扫描 64 次。

图8-1　核磁共振试样示意(单位：mm)

8.1.2　结果与讨论

木材水分的吸附过程，是水分子以气态形式进入细胞壁，与细胞壁纤维素、半纤维素等主成分上的吸着点产生氢键结合的过程。关于木材水分的吸附理论，具有代表性的是单分子层理论及多分子层理论。单分子层理论以朗格缪尔理论、多分子层理论以 BET 理论和波拉尼吸附势能理论为代表。朗格缪尔理论假定的单分子层吸着模型有 3 个假设：

(1)固体表面是均匀一致的。

(2)吸附的分子之间无相互作用，吸附热与表面覆盖度无关。

(3)试样表面上吸附一层分子后就达到了饱和，因此只能形成单分子层。

BET 理论是在朗格缪尔理论的基础上建立起来的。在一定温度和湿度条件下，细胞壁

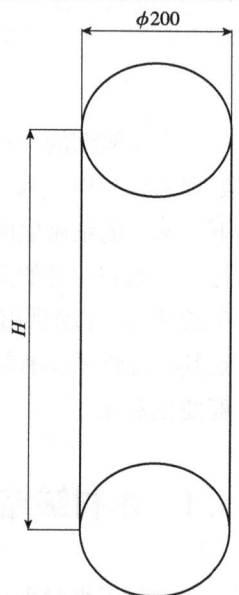

纤维素、半纤维素等组分中具有很强的吸着能力的自由羟基，借助氢键力和分子间力吸附空气中的水分子，形成第一层吸附水，被吸附的水分子可以发生再吸附，形成多分子层吸附水。此理论认为木材表面的水分吸着，只有第一层形成的时候吸附能不同，而第二层以后的其他各层的吸附能几乎相等。

波拉尼吸附势能理论认为吸附剂表面附近一定的空间内存在有吸附力场，吸附质分子进入吸附力场就会被吸附，由于吸附力场有一定的空间范围，吸附可以是多分子层的，吸附力的大小随吸附层从内到外而逐渐降低。

3 种状态杨木中水分变化见表 8-1。

表 8-1　3 种状态杨木中水分的自旋-自旋弛豫时间

试样类型	含水率/%	结合水弛豫时间/ms		自由水弛豫时间/ms		水分含量之比
		峰 1 平均	峰 2 平均	峰 3 平均	峰 4 平均	
气干材	14.22	0.31	2.55	32.83	72.54	0.97 : 0.03
绝干材	1.69	0.35	2.16	11.58	43.18	0.99 : 0.01
处理材	17.49	0.28	3.15	38.21	87.45	0.82 : 0.18

8.2　木材皱缩恢复前后的木材结晶度对比分析

纤维素是木材的主要组分之一，木材结晶度是木材的重要性质，纤维素的结晶度是指纤维素的结晶区占纤维素整体的百分比，它反映纤维素聚集时形成结晶的程度。纤维素中结晶区的多少对木材的物理、化学性质有很大的影响。

通常木质材料随着纤维素结晶度的增加，纤维的抗拉强度、弹性模量、硬度、密度及尺寸稳定性等随之增加，而保水性、伸长性、易染性、润胀性、柔软性及化学反应性随之降低。结晶度的大小与纤维的种类和部位有关，结晶又与植物生长期、纤维长度及纤维介电常数有关。

因此，研究蒸汽处理后木材纤维结晶度带来的变化，对干燥后木材利用的影响，具有一定的参考价值。测定木材纤维素结晶度的方法有许多种，主要有 X 射线衍射法（XRD）、红外光谱（IR）、核磁共振光谱（NMR）和动力谱学（DMS）等方法，其中 XRD 是应用最广泛的一种。

8.2.1　试验材料和方法

8.2.1.1　试验材料

北京杨，具体情况见 5.1。

本试验用试样，采自内蒙古自治区呼和浩特市郊区林场，经制材锯截成板材后，取纹理通直、无变色腐朽等缺陷的生材板材，锯截成长宽厚为 500 mm×100 mm×50 mm 板材。置入 103℃±2℃ 的横纹鼓风干燥箱中，干燥至绝干，备用。选用杨木气干材作为对照材；同时将一部分绝干材放入高温炭化炉中，设定温度为 100℃，饱和蒸汽处理绝干材，时间为 6 h，处理完毕后放入密封袋中冷却至室温。以上 3 种试样为试验材料。

8.2.1.2 试验方法

选用杨木气干材、绝干材和处理材为试验材料。将试样锯解，劈成小薄片，然后用四分法选取样品用粉碎机磨碎，取能通过 80 目筛但不能通过 100 目筛的木粉作为纤维素结晶度测定样品，贮存在具有磨砂塞的广口瓶中或自封袋中备用。

测定纤维素结晶度的仪器是荷兰 Panalytical 公司的粉末 X 射线衍射仪。将木粉样品放到样品架上，用 $\theta/2\theta$ 联动扫描。

主要扫描参数如下：X 光管为铜靶，用镍片消除 CuKα 辐射，管电压 40 kV，管电流 40 mA，扫描速度为 0.083731°/s，样品扫描范围 5°~80°，根据衍射图谱，采用 Segal 法计算相对结晶度。在扫描曲线 $2\theta=22°$ 附近有(002)衍射的极大峰值，$2\theta=18°$ 附近有一极小峰值(图 8-2)，则结晶度的计算公式为：

$$Cr=(I_{002}-I_{am})/I_{002}×100\% \tag{8-1}$$

式中，Cr 为相对结晶度(%)；I_{002} 为(002)晶格衍射角的极大强度，即结晶区的衍射强度(a.u.)；I_{am} 为 $2\theta=18°$ 时非结晶背景衍射的散射强度(a.u.)。

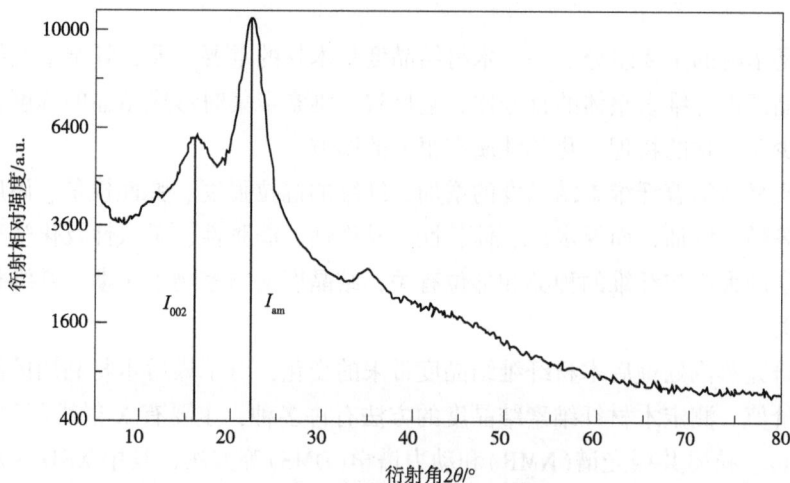

图 8-2　纤维素结晶度的衍射图谱

8.2.2　结果与讨论

由表 8-2 结果可知，木材结晶度在一定程度上反映了木材纤维的物理和化学性质，心材较边材和心边交界材位置的结晶度偏大，反映了心材位置的木材纤维聚集程度较高；心边交界材的结晶度相对较低，主要是反映出杨木这里分布了大量的薄壁组织，木材纤维的聚集程度相对较低。

表 8-2　不同处理方法的杨木结晶度变异表

试样类型	心材	心边交界材	边材	平均值
气干材	53.22%	51.47%	52.34%	52.34%
绝干材	61.62%	56.22%	58.12%	58.65%
处理材	55.19%	52.19%	54.38%	53.92%

气干材的结晶度小于绝干材，反映在宏观力学性质上，可以看出含水率在纤维饱和点以下，木材力学性能随着含水率降低而逐渐增大，超微形态上即作为细胞的骨架物质纤维素的聚集程度较高；处理材由于长时间热处理，是羟基减少，虽然含水率增加了很多，但结晶度反而增加幅度有限，反映出处理材的物理力学等性质的降等。

8.3　本章小结

（1）本试验利用核磁共振手段分析不同处理方法的木材中水分含量差异，气干材的含水率为 14.22%，其中主要是单层吸附水和多层吸附水，还有少量自由水。绝干材状态下，水分很少，只有少量的吸附水和微量的自由水。木材与水分的结合力很强，水分的弛豫时间很短。处理材中的水分与气干材中水分存在形式不同吸附能力不同。

（2）本试验分析不同状态木材纤维素结晶度，得到横向位置结晶度对比可以看到，心材较边材和心边交界材位置的结晶度偏大，反映了心材位置的木材纤维聚集程度较高；心边交界材的结晶度相对较低，主要是反映出杨木这里分布了大量的薄壁组织，木材纤维的聚集程度相对较低。

（3）分析不同状态木材的结晶度可以看到，气干材的结晶度小于绝干材，反映在宏观力学性质上，可以看出含水率在纤维饱和点以下，木材力学性能随着含水率降低而逐渐增大，超微形态上即作为细胞的骨架物质纤维素的聚集程度较高；处理材由于长时间热处理，是羟基减少，虽然含水率增加了很多，但结晶度反而增加幅度有限，反映出处理材的物理力学等性质的下降。

参考文献

鲍甫成，江泽慧，等，1998. 中国主要人工林树种木材性质[M]. 北京：中国林业出版社.

曹永建，2008. 蒸汽介质热处理木材性质及其强度损失控制原理[D]. 北京：中国林业科学研究院.

常建民，胡松涛，闫运忠，1998. 非接触式测试木材干燥应力方法的研究[J]. 林产工业，18(5)：21-24.

陈魁，2005. 实验设计与分析[M]. 2 版. 北京：清华大学出版社.

陈太安，顾炼百，2004 . 汽蒸处理回复赤桉干燥皱缩研究[J]. 南京林业大学学报(28)：34-36.

陈太安，顾炼百，等，2003. 汽蒸处理对青冈栋干缩系数及气体渗透性的影响[J]. 南京林业大学学报，27(2)：62-64.

陈希，王志杰，2009. 常见四种阔叶材纤维形态和化学成分的研究[J]. 湖南造纸，1：5-7.

陈振兴，2007. 木材皱缩动力机制的初步探讨：液体张力的测量及外力对皱缩的影响[D]. 南京：南京林业大学.

成俊卿，1985. 木材学[M]. 北京：中国林业出版社.

成俊卿，杨家驹，刘鹏，1992. 中国木材志[M]. 北京：中国林业出版社.

服部芳明，1983. 板材的溃陷与皱缩[J]. 木材工业(日)，81：10-14.

傅敏，王会才，洪友士，2000. 微米/纳米尺度的材料力学性能测试[J]. 力学进展，30(3)：391-399.

高建民，余雁，刘志军，2004. 木材干燥应力连续监测方法的研究[J]. 木材工业，18(3)：1-3.

高鑫，庄寿增，2015. 利用核磁共振测定木材吸着水饱和含量[J]. 波谱学杂志，32(4)：670-677.

龚仁梅，姬雅才，李晓香，1996 . 汽蒸处理对木材非稳态下水分传导的研究[J]. 林业科技(3)：63-64.

龚仁梅，王丽宇，1996. 汽蒸处理对木材干燥应力的影响[J]. 林业科技(5)：40-42.

龚仁梅，杨玲，2003. 汽蒸法处理山毛样锯材干燥工艺的研究[J]. 林产工业(30)：19-21.

龚仁梅，张晓慧，1995. 汽蒸时间对木材吸湿性能的影响[J]. 林业科技(20)：46-47.

郭明辉，等，2005. 木材皱缩的研究现状及发展趋势[J]. 世界林业研究，18(1)：39-42.

国家林业局，2012. 2012 年全国林业统计年报分析报告[M]. 北京：中国林业出版社.

何玲芝，刁秀明，王洪霞，1996. 汽蒸处理对柞木材水分移动性的影响[J]，林业科技(19)：42，46.

江泽慧，费本华，1992. 长江滩地不同品系杨树木材纤维形态、微纤丝角和结晶度变异研究[J]. 安徽农学院学报，19(4)：255-262.

江泽慧，彭镇华，2001. 世界主要树种木材科学特性[M]. 北京：科学出版社.

江泽慧，王喜明，2002. 桉树木材干燥特性与工艺及其皱缩研究现状[J]. 木材工业：16(4)：3-6.

江泽慧，余雁，费本华，等，2004. 纳米压痕技术测量管胞次生壁 S_2 层的纵向弹性模量和硬度[J]. 林业科学，40(2)：113-118.

靳群贤，刘瑞，1996. 几种杨树木材纤维形态分析[J]. 林业工业，23(5)：26-29.

康跃宾，2001. 汽蒸处理对木材力学性能的影响[J]. 林业勘察设计(1)：104-106.

李超，张明辉，2012. 利用核磁共振自由感应衰减曲线测定木材含水率[J]. 北京林业大学学报，34(4)：142-144.

李大纲，1997. 马尾松木材干燥过程中水分的非稳态扩散[J]. 南京林业大学学报，21(1)：75-79.

李大纲，顾炼百，2000. 高温干燥对杨木主要力学性能的影响[J]. 南京林业大学学报，1：35-37.

李火根，黄敏仁，1997. 美洲黑杨新无性系木材细胞次生壁 S_2 层微纤丝角株内变异的初步研究[J]. 西北林学院学报，12(1)：61-65.

李坚，2002. 木材科学[M]. 北京：高等教育出版社.

李坚，刘一星，刘君良，2000. 加热、水蒸气处理对木材横纹压缩变形固定作用[J]. 东北林业大学学报，25(4)：4-5.

李琳，代洋洋，2014. 岳金权山地杨边材和心材差异性分析[J]. 造纸科学与技术，1(33)：19-25.

李娜，何定华，赵亮，等，1999. 百度实验法预测几种阔叶树材干燥基准. 木材干燥学术讨论会论文集(16)：79-81.

李贤军，蔡智勇，2010. 干燥过程中木材内部含水率检测的 X 射线扫描方法[J]. 林业科学，46(2)：122-127.

李贤军，伊松林，2008. 微波预处理对三种人工林木材干燥特性的影响[J]. 林产工业(4)：32-34.

李延军，孙会，等，2008. 国内外木材热处理技术研究进展及展望[J]. 浙江林业科技，28(1)：21-23.

李忠正，等，1984. 意大利杨树制浆造纸性能的研究：碱性亚硫酸钠-蒽醌法[J]. 南京林学院学报(1)：60-67.

刘洪谔，刘力，斯红光，1995. 几种杨树木材化学成分分析[J]. 浙江林学院学报，12(4)：343-346.

刘建霞，王喜明，等，2015. 木材条件对木材干缩力的影响[J]. 东北林业大学学报，43(8)：75-78.

刘建霞，王喜明，等，2016. 木材干缩力平衡测试系统的研制[J]. 东北林业大学学报，44(2)：89-93.

刘丽敏，2008. 木材皱缩动力机制的初步探讨：平板玻璃毛细管液体张力测试模型的构建与测量[D]. 南京：南京林业大学.

刘鲁滨，2013. 干燥过程中木材内水分的移动[J]. 黑龙江科技信息(27)：1.

刘盛全，等，1999. 我国杨树人工林材性与加工利用研究现状及发展趋势[J]. 木材工业，13(3)：14-16.

刘一星，2005. 高温高压过热蒸汽处理木材的力学特性和化学性质的变化[J]. 东北林业大学学报，33(3)：44-46.

刘一星，2012. 木材学[M]. 北京：中国林业出版社.

刘元，1993. 热处理对水与木材接触角的影响[J]. 中南林学院学报，13(2)：136-141.

刘元，1994. 木材干燥皱缩机理及其特性研究[J]. 中南林学院学报，14(2)：97-101.

刘元，1995. 桉树木材超微结构及其对干燥皱缩的影响[J]. 中南林学院学报，15(1)：33-37.

刘元，吴义强，乔建政，等，2002. 桉树人工林木材的干燥特性及干燥基准研究[J]. 中南林学院学报(4)：44-49.

刘志军，张璧光，2006. 白度试验法测杨木干燥基准和初步研究[J]. 干燥技术与设备(4)：32-35.

吕建雄，王金林，黄安民，2009. 中国杨树木材加工利用研究进展[C]//第二届中国林业学术大会：S11 木材及生物质资源高效增值利用与木材安全论文集：15-24.

吕建雄，徐康，等，2014. 速生人工林杨木增强改性的研究进展[J]. 中南林业科技大学学报，34

（3）：99-103.

马大燕，王喜明，2011. 核磁共振研究木材吸着过程中水分吸附机理［J］. 波谱学杂志，28（1）：135-141.

马尔妮，赵广杰，2012. 木材物理学专论［M］. 北京：中国林业出版社.

马世春，1998. 汽蒸处理改善木材尺寸稳定性初探［J］. 木材工业，12（5）：36-39.

马岩，2002. 木材横断面六棱规则细胞数学描述理论研究［J］. 生物数学学报，17（1）：64-68.

裴喜春，薛河儒，1998. SAS 及应用［M］. 北京：中国农业出版社.

彭海源，丁汉喜，1989. 山杨小径木超微结构及其与干燥皱缩的关系［J］. 林业科学（6）：583-587.

彭鹏祥，徐开蒙，等，2010. 热水处理对王桉木材干缩率和皱缩的影响［J］. 广东林业科技，26（6）：24-27.

阮桂海，等，2003. SAS 统计分析实用大全［M］. 北京：清华大学出版社.

阮锡根，余观夏，2005. 木材物理学［M］. 北京：中国林业出版社.

宋启泽，陈洁. 1992. 核磁共振基本原理及其应用［M］. 北京：兵器工业出版社.

孙丙虎，王喜明，2012. 利用低场核磁共振技术研究木材微波干燥过程中的水分状态与迁移［J］. 内蒙古农业大学学报（自然科学版），33（3）：205-210.

孙小苗，2007. 蒸汽湿热处理对速生杨材性影响的研究［D］. 南京：南京林业大学.

涂登云，2005. 马尾松板材干燥应力模型及应变连续测量的研究［J］. 南京：南京林业大学.

万建松，岳珠峰，2002. 采用压痕实验获得材料性能的研究现状［J］. 实验力学，6：131-139.

王逢瑚，2005. 木质材料流变学［M］. 哈尔滨：东北林业大学出版社.

王桂岩，王彦，李善文，等，2001. 13 种杨树木材物理力学性质的研究［J］. 山东林业科技（2）：1-11.

王嘉楠，2002. 人工林杨树木材性质及其变异规律的研究［M］. 合肥：安徽农业大学.

王洁瑛，赵广杰，饭田生穗，2000. 饱水和气干状态杉木的压缩成型及其热处理永久固定［J］. 北京林业大学学报，22（1）：72-75.

王文中，2003. Excel 在统计分析中的应用［M］. 北京：中国铁道出版社.

王喜明，1989. 山杨小径材干燥皱缩的初步研究［J］. 林产工业，16（2）：12-15.

王喜明，1991. 山杨小径材皱缩材组织结构的变化及其皱缩机理的研究［J］. 林业科学，27（4）：484-487.

王喜明，1999. 预冻处理对杨木皱缩特性的影响［J］. 内蒙古农业大学学报（4）：14-17.

王喜明，2003. 木材皱缩［M］. 北京：中国林业出版社.

王喜明，贺勤，2005. 桉树木材干燥过程曲线的研究［J］. 北京林业大学学报，27（S1）：13-17.

王喜明，贺勤，等，2013. 桉树人工林木材干燥皱缩特性的研究［J］. 内蒙古农业大学学报，34（1）：123-127.

王喜明，王欣，2000. 干燥工艺条件对木材皱缩的影响［J］. 林产工业：11-13.

王喜明，王欣，2000. 木材的皱缩［J］. 木材工业，14（2）：29-30.

王喜明，赵广杰，2002. 杨木干燥基准及其皱缩特性的研究［J］. 林产工业，29（3）：15-17.

王喜明，赵广杰，等，2002. 苹果木材的超微构造及其皱缩［J］. 内蒙古农业大学学报，23（3）：43-47.

王欣，王喜明，等，2000. 干燥工艺条件对预冻处理皱缩特性的影响［J］. 内蒙古农业大学学报，21（1）：96-99.

王欣，薛振华，2003. 加拿大杨木皱缩特性研究[J]. 内蒙古农业大学学报，24（4）：83-86.

王新爱，朱玮，汪玉秀，2001. 杨木材性的化学改良技术[J]. 西北林学院学报，16（1）：76-81.

王学民，2002. 应用多元分析[M]. 上海：上海财经大学出版社.

王哲，2016. 基于蒸腾作用降低杨树立木木材水分过程中水分传输和散失机理的初步研究[D]. 呼和浩特：内蒙古农业大学.

吴义强，等，2007. 热处理模式对人工林桉树木材皱缩收缩特性影响的研究[C]//第五届国际材料加工物理与数值模拟学术会议论文集：2336-2341.

席佳，赵荣军，等，2009. 国内杨树培育、木材性质及其加工利用研究进展[J]. 西北农林科技大学学报（自然科学版），37（5）：124-131.

熊国欣，李立本，2007. 核磁共振成像原理[M]. 北京：科学出版社.

薛国新，姚光裕，1992. 新疆杨幼龄材制浆特性的研究[J]. 南京林业大学学报，4（16）：40-47.

薛振华，王喜明，等，2002. 马占相思木材超微构造及其皱缩[J]. 内蒙古农业大学学报，23（4）：12-17.

闫越，2015. 利用单边核磁共振研究木材的分层吸湿性[D]. 呼和浩特：内蒙古农业大学.

杨淑蕙，2010. 植物纤维化学[M]. 北京：中国轻工业出版社.

杨文斌，林金国，郑建财，1999. 蒸煮工艺对木材干燥的影响[J]. 林业科技开发（2）：25-27.

杨文忠，方升佐，2004. 杨树无性系微纤丝角的时空变异模式[J]. 东北林业大学学报，32，（1）：25-28.

叶克林，龙玲，傅峰，2000. 人工林杉木、杨树木材的性质及强化前景[C]//2000年材料科学与工程新进展（上）：2000年中国材料研讨会论文集：572-575.

伊松林，张璧光，2003. 木材真空-浮压干燥过程中吸着水迁移特性分析[J]. 北京林业大学学报，25（6）：60-63.

余雁，2003. 人工林杉木管胞的纵向力学性质及其主要影响因子研究[D]. 北京：中国林业科学研究院.

曾其蕴，鲍贤铭，1990. 河北毛白杨木材纤维长度变异的研究[J]. 林业科学，3（28）：232-238.

翟冰云，1995. 木材的热处理及蒸汽处理[J]. 国外林业，25（4）：38-41.

张璧光，2004. 木材科学与技术研究进展[M]. 北京：中国环境科学出版社.

张久荣，2006. 人工林杨木利用现状及前景[J]. 中国林业产业，11：24-26.

张俐娜，薛奇，莫志深，2006. 高分子物理近代研究方法[M]. 武汉：武汉大学出版社.

张明辉，李新宇，2014. 利用时域核磁共振研究木材干燥过程水分状态变化[J]. 林业科学，50（12）：109-112.

张士成，齐华春，刘一星，等，2010. 高温过热蒸汽处理对木材结晶性能的影响[J]. 南京林业大学学报，34（5）：164-166.

张泰华，2004. 微/纳米力学测试技术及其应用[M]. 北京：机械工业出版社.

张耀丽，苗平，等，2011. 微波、冷冻预处理对改善巨尾桉木材干燥性能的影响[J]. 南京林业大学学报，35（2）：61-64.

赵喜龙，2004. 人工林杨树、杉木木材胶合工艺和性能研究[D]. 呼和浩特：内蒙古农业大学.

郑万钧，1982. 中国树木志[M]. 北京：中国林业出版社.

中国林业科学研究院木材工业研究所，1982. 中国主要树种的木材物理力学性质[M]. 北京：中国林业出版社.

周方赟，陈博文，2015. 核磁共振技术在分析木材微波干燥过程中水分移动的应用[J]. 安徽农业大学学报，42(1)：45-49.

周永东，2000. 木材含水率测量方法及影响因素分析[J]. 木材工业．9(5)：29-30.

周兆兵，2008. 速生杨木微观力学性能及其表面动态润湿性[D]. 南京：南京林业大学.

周兆兵，张洋，袁少飞，等，2008. 速生杨木材的动态润湿性能[J]. 东北林业大学学报，2008，36(4)：20-21.

朱政贤，1989. 木材干燥[M]. 2版. 北京：中国林业出版社.

庄寿增，赵寿岳，等，2005. 木材皱缩现象中的力学问题探讨[J]. 北京林业大学学报，27：9-12.

祖勃苏，2000. 国外对杨树湿心材的研究[J]. 林业科学，36(5)：86-91.

A E ENGLISH，K P WHITTALL，et al，1991. Quantitative two-dimensional time correlation relaxometry[J]. Magnetic Resonance in Medicine Official Journal of the Society of Magnetic Resonance in Medicine，22(2)：425-434.

A SUURNÄKKI，T Q LI，et al，1997. Effects of enzymatic removal of xylan and glucomannan on the pore size distribution of kraft fibres[J]. Holzforschung，51(1)：27-33.

BARBER N F，1968. A theoretical model of shrinkage wood[J]. Holzforschung，3：97-103.

BARBER N F，MEYLAN B A，1964. The anisotropic shrinkage of wood[J]. Holzforschung，18：146-156.

BARISKA M，1991. Collapse phenomena in eucalypts[J]. Wood Science and Technology，26(3)：165-179.

BARKAS W W，1949. Swelling of wood under stress[M]. London：Depart Science Industry.

BORREGA M，KARENLAMPI P P，2008. Mechanical behavior of heat-treated spruce(Picea abies) wood a constant moisture content and ambient humidity[J]. Holz Roh Werkst，66：63-69.

BROWN H P，PANSHIN A J，1952. Textbook of wood technology. Vol. Ⅱ[M]. New York：McGraw-Hill.

BRYAN E L，1960. Collapse and its removal[J]. Forest Product Journal，11：589-604.

C ARAUJO，A MACKAY，et al，1993. A diffusion model for spin-spin relaxation of compartmentalized water in wood[J]. Journal of Magnetic Resonance，Series B，101(3)：248-261.

C SKAAR，1972. Water in wood[D]. Syracuse：Syracuse University.

CAVE I D，1968. The anisotropic elasticity of the plant cell wall[J]. Wood Science and Technology，2(4)：268-278.

CAVE I D，1969. The longitudinal Young's modulus of Pinus radiata[J]. Wood Science and Technology，3(1)：40-48.

CHAFE S C，ILIC J，1992. Shrinkage and collapse in thin sections and blocks of Tasmanian mountain ash re-growth Part3：collapse[J]. Wood Science Technoloy，26：343-351.

CHAFE S C，1985. The Distribution and Interrelationship of Collapse，volumetric shrinkage，moisture content and density in trees of Eucalyptus regnans F. Muell[J]. Wood Science and Technology，19：329-345.

CHAFE S C，1986. Radial Variation of Collapse，volumetric shrinkage，moisture content and density in Eucalyptus regnans F. Muell[J]. Wood Science and Technolgy，20：253-262.

CHAFE S C，1987. Collapse，volumetric shrinkage，specific gravity and extractives in Eucalyptus and other species Part 2：The influence of wood extractives[J]. Wood Science and Technology，21：27-41.

CHAFE S C, 1990. Effect of brief presteaming on shrinkage, collapse and other wood-water relationships in *Eucalyptus regnans F. Muell* [J]. Wood Science and Technology, 24: 311-326.

CHAFE S C, 1991. Shrinkage and collapse in thin sections and blocks of Tasmanian mountain ash regrowth [J]. Wood Science and Technology, 26(3): 181-187.

CHAFE S C, 1992. Collapse, An introduction[M]. CSIRO Division of Forest Product. Melbourne Australia.

CHAFE S C, 1992. The effect of boiling on shrinkage, collapse and other wood-water properties in core segments of *Eucalyptus regnans. F. Muell*[J]. Wood Science and Technology, 27(3): 205-217.

CHAFE S C, LLIC J, 1991. Shrinkage and collapse in thin sections and blocks of Tasmanian mountain ash regrowth[J]. Wood Science and Technology, 26(5): 343-351.

CHENG W L, MOROOKA T, 2004. Shrinkage stress of wood during drying under superheated steam above 100℃[J]. Holzforschung, 58(4) : 423-427.

CHOONG E T, 1969. Effect of extractives on shrinkage and other hygroscopic properties of tensouthern pine woods[J]. Wood and Fiber, 1: 124-133.

CHUDNOFF M, 1961. The physical and mechanical properties of Eucalyptus camaldulensis [J]. Bull. 66: 1-39.

ELLWOOD E L, ECKLUND B A, 1963. Collapse and shrinkage of wood. I. Effect of degrees of replacement [J]. Forest Product Journal, 13: 291-298.

GREENHILL W L, 1936. The shrinkage of Australian timbers. Part 1. A new method of deter-mining shrinkages and shrinkage figures for a number of Australian species[J]. Forest Product Technology. 21: 1-54.

GREENHILL W L, 1938. Collapse and its removal. Some recent investigations with Eucalyptus regnans [J]. Forest Product Technolgy. 24: 1-32.

H H WANG, R L YOUNGS, 1996. Drying stress and check development in the wood of two oaks[J]. IAWA Journal, 17(1): 15-30.

HART C A, 1964. Principles of moisture movement in wood[J]. Forest Product Journal, 5: 207-214.

HART C A, 1984. Relative humidity, EMC, and collapse shrinkage in wood[J]. Forest Product Journal, 34(11/12): 45-54.

HATTORI Y, KANAGAWA Y, 1979. Progress of shrinkage in wood III. An observation of the development of cell-collapse by the freeze-drying method(in Japanese)[J]. Mokuzai Gakkaishi, 25: 191-196.

HAYASHI K, 1974. Studies on cel collapse of water saturated balsa wood II: the effect of pre-freezing upon reduction of cell-collapse[J]. Journal of the Japan Wood Research Society, 20: 150.

HAYASHI K, 1977. Study on cell collapse of water saturated balsa wood: increase in collapse intensity produced by steaming[J]. Journal of the Japan Wood Research Society, 23(1): 25-29.

HILLIS W E, 1978. Eucalypts for Wood Production[M]. Melbourne: CSIRO: 259-289.

ILIC J, 1993. The effect of pre-freezing on collapse, internal check development and drying rate in *Eucalyptus regnans F. Muell*. Proceedings[C]//24 th CSIRO Forest Products Research Conference, Melbourne Australia.

ILIC J, 1995. Advantages of pre-freezing for reducing shrinkage-related degrade in Eucalypts: General considerations and review of the literature[J]. Wood Science and Technology, 29: 277-285.

ILIC J, 1999. Influence of pre-freezing on shrinkage-related degrade in *Eucalyptus regnans F. Muell*[J]. Holzals Roh-und Werkstoff, 57(4) : 241-245.

INNES T C, 1995. Collapse free pre-drying of *Eucalyptus regnans. F. Muell*[J]. Holzals Roh-und Werkstoff, 53：403-406.

INNES T C, 1995. Stress model of a wood fibre in relation to collapse[J]. Wood Science and Technology, 29 (5)：363-376.

INNES T C, 1996. Collapse and internal checking in the latewood of Eucalyptus regnans F. Muell[J]. Wood Science and Technology, 30：373-383.

INNES T C, 1996. Pre-drying of collapse prone wood Free of surface and internal checking[J]. Holz als Roh-und Werkstoff, 54(3)：195-199.

KALMAN W G. Contribution to the theory of cell collapse in wood[M]. Investigations.

KANAGAWA Y, HATTORI Y, 1978. Progress of shrinkage in wood(in Japanese)[J]. Mokuzai Gakkaishi, 24：441-446.

KAUMAN W G, 1956. Equilibrium moisture content relations and drying control in super heated steam drying [J]. Forest Product Journal, 6(9)：328-332.

KAUMAN W G, 1956. Cell collapse in E. Regnans[M]. CSIRO DFP Technological, No. 3.

KAUMAN W G, 1964. Cell Collapse in Wood Part 1：process variables and collapse recovery[J]. Holz als Roh-und Werkstoff, 22(5)：183-196.

KAUMAN W G, 1964. Cell Collapse in Wood Part 2：Prevention, Reduction and Predication of Collapse Recent Results[J]. Holz als Roh-und Werkstoff, 22(12)：465-472.

KAUMAN W G, 1964. Cell collapse in wood[J]. Holz Roh-Werkstoff, 22：183-196.

KAUMAN W G, 1960. Collapse in some Eucalypts after treatment in inorganic salt solution[J]. Forest Product Journal, 10：463-467.

KAUMANN W G, 1964. Contributions to the theory of cell collapse in wood：Investigation with Eucalyptus collapse in wood[J]. Holz Roh-Werkstoff, 22：465-472.

KAUMAN W G, 1961. Effect of thermal degradation on shrinkkage and collapse of wood from three [J]. Aust. Spec. Forest Product Journal, 11(9)：445-452.

KOBAYASHI Y, 1985. Anatomical characteristics of collapsed western red-cedar wood[J]. Journal of the Japan Wood Research Society, 31(8)：633-639.

KOBAYASHI Y, 1986. Anatomical characteristics of collapsed western red-cedar wood 2[J]. Journal of the Japan Wood Research Society, 32(1)：12-18.

KOBAYASHI Y, 1986. Anatomical characteristics of collapsed western red-cedar wood 3[J]. Journal of the Japan Wood Research Society, 32(7)：492-497.

KOBAYASHI Y, 1986. Cause of collapse in western red-cedar[J]. Journal of the Japan Wood Research Society, 32(10)：846-847.

KOLLMANN F F P, 1961. High temperature drying[J]. Forest Product Journal, 11(11)：508-515.

LUTZ H J, 1952. Occurrence of clefts in the wood of living white spruce in Alaska[J]. Journal of Forest, 50：99-102.

M HAGGKVIST, LI TIEQIANG, L ODBERG, 1998. Effects of drying and pressing on the pore structure in the cellulose fibre wall studied by 1h and 2h NMR relaxation[J]. Cellulose, 5(1)：33-49.

M SASAKI, T KAWAI, et al, 1960. A study of sorbed water on cellulose by pulsed NMR technique

[J]. Journal of the Physical Society of Japan, 15(9): 1652-1657.

MARK R E, 1967. Cell Wall Mechanics of Trachieds[D]. New Haven: Yale University.

MERELA M, OVENP, 2009. A single point NMR method for an instantaneous determination of the moisture content of wood[J]. Holzforschung, 63(3): 348-351.

MORGON K, 1982. Thomas H. R. Lewis. R. W. Numerical modeling of stress reversal in timber drying [J]. Wood Science, 15(2): 139-149.

MUGABI P, RYPSTRA T, VERMAAS H, et al, 2011. Effect of kiln drying schedule on the quality of south African grown Eucalyptus grandis poles [J]. European Journal of Wood and Wood Products, 69 (1): 19-26.

NEARN W T, 1955. Effect of water soluble extractives on the volumetric shrinkage andequilibrium moisture content of eleven tropical and domestic woods[J]. College of Agriculture Bull, 598: 1-38.

OPPER G A, BARHAM S H, 1972. Pre-freezing effects on three hardwoods[J]. Forest Products Journal, 22(2): 24-25.

PRADO P J, 2001. NMR hand-held moisture sensor[J]. Mangetic Resonance Imaging, 19: 505-508.

R MENON, A MACKAY, et al, 1987. An nmr determination of the physiological water distribution in wood during drying[J]. Journal of applied polymer science, 33(4): 1141-1155.

S C CHAFE, 1987. Collapse, volumetric shrinkage, specific gravity and extractives in Eucalyptus and other species Part 2: The influence of wood extractives[J]. Wood Sci. Technol, 21: 27-41.

SARP A R, RIGGM M, 1978. Determination of moisture content of wood by pulsed nuclear magnetic resonance[J]. Wood Fiber, 10: 74-81.

SCHNIEWIND, BARREN J D, 1969. Cell wall model with complete shear restraint[J]. Wood and Fiber Science, 1(3): 205-214.

SENNI L, CAPONERO M, 2010. Moisture content and strain relation in wood by Bragg grating sensor and unilateral NMR[J]. Wood Science and Technology, 44: 165-175.

SENNI L, CASIERI C, 2009. A portable NMR sensor for moisture monitoring of wooden works of art, particularly of paintings on wood[J]. Wood Science and Technology, 43: 167-180.

SHUICHIK, 1979. Computation of drying stresses resulting from moisture gradients in wood during drying I [J]. Mokuzai Gakkaishi, 25(2): 103-110.

STATURE A J, 1935. Shrinking and swelling of wood[J]. Industrial and Engineering Chemistry Research, 27: 401-406.

T Q LI, U HENRIKSSON, et al, 1993. Determination of pore sizes in wood cellulose fibers by 2h and 1h NMR[J]. Nordic Pulp & Paper Research Journal.

TERASHIMA M, 1975. The effect of the tensile stress on the collapse intensity[J]. Journal of the Japan Wood Research Society(5): 278-282.

TERASHIMA M, HAYASHI K, 1974. Studies on cell-collapse of water-saturated balsa wood 1: relation of shrinkage process and moisture distribution to cell-collapse mechanism[J]. Journal of the Japan Wood Research Society, 20(5): 205-209.

TERASHIMA M, HAYASHI K, 1986. Studies on cell-collapse of water-saturated balsa wood 2: the effect of pre-freezing upon reduction of cell-collapse [J]. Journal of the Japan Wood Research Society, 20 (7):

306-312.

TIEMANN H D, 1917. The kiln drying of lumber[M]. Philadelphia: Springer Berlin Heidelberg.

TIEMANN H D, 1929. How to restore collapsed timber[J]. The lumber Work, 5(57): 3-44.

TIEMANN H D, 1941. Collapse as shown by microscope[J]. Journal of Forest, 39: 271-282.

TIEMANN H D, 1960. Wood technology[J]. Austria Appilcation. Science. 11: 122-145.

TISCHLER K, 1976. Improvement of *Eucalyptus camaldulens Dehnh*. Wood[D]. Hebrew University, Jerusalem.

WANGAARD F F, GRANADOS L, 1967. A. The effect of extractives on water-vapor sorption bywood [J]. Wood science and technology, 1: 253-277.

WARDROP A B, DADSWELL H E, 1955. The structure and properties of tension wood[J]. Holz-forschung, 9: 97-104.

WENTZEL-VIETHEER M, WASHUSEN R, et al, 2013. Prediction of non-recoverable collapse in Eucalyptus globulus from near infrared scanning of radial wood samples[J]. European Journal of Wood and Wood Products, 71(6): 755-768.

WU QINGLIN, 1994. Mechano-soptive deformation of Douglas Fir specimens under tangential tensile stress during moisture adsorption[J]. Wood and Fiber Science, 26(4): 527-535.

WU Y Q, HAYASHI K, LIU Y, et al, 2006. Relationships of anatomical characteristics versus shrinkage and collapse properties in plantation-grown eucalypt wood from China[J]. Journal of Wood Science, 12: 1-7.

X GAO, S ZHUANG, et al, 2015. Bound water content and pore size distribution in swollen cell walls determined by NMR technology[J]. BioResources, 10(4): 8208-8224.

YANG J L, 1998. An attempt to reduce collapse through introducing cell wall deformations[J]. Wood and Fiber Science, 30(1): 81-89.